Giovanni Schiaparelli

Die Astronomie im alten Testament

Giovanni Schiaparelli

Die Astronomie im alten Testament

ISBN/EAN: 9783955622589

Auflage: 1

Erscheinungsjahr: 2013

Erscheinungsort: Bremen, Deutschland

@ Bremen-university-press in Access Verlag GmbH, Fahrenheitstr. 1, 28359 Bremen. Alle Rechte beim Verlag und bei den jeweiligen Lizenzgebern.

DIE ASTRONOMIE

IM

ALTEN TESTAMENT

VON

GIOVANNI SCHIAPARELLI
DIREKTOR A. D. DES BRERA-OBSERVATORIUMS IN MAILAND

ÜBERSETZT

VON

DR. PHIL. WILLY LÜDTKE
HILFSBIBLIOTHEKAR IN KIEL

MIT 6 ABBILDUNGEN IM TEXT

GIESZEN
J. RICKER'SCHE VERLAGSBUCHHANDLUNG
(ALFRED TÖPELMANN)
1904

Das italienische Original dieses Werkes erschien als „Manuale Hoepli 332" unter dem Titel: L'astronomia nell' Antico Testamento, Milano 1903. Die Übersetzung wurde nach einem vom Verfasser durchgesehenen Exemplare angefertigt, in dem namentlich die zweite Hälfte gegen die ursprüngliche Fassung stark verändert ist. Zusätze des Übersetzers sind durch [ ] kenntlich gemacht. Zu der beigegebenen Tabelle der Sternnamen gab der Artikel *Sterne* in der 2. Auflage von Herzogs Realencyklopädie für protestantische Theologie die Anregung; es sind auch die Fragmente der Hexapla und die Lesarten der Itala berücksichtigt. Die Zahlen ^{1}, ^{2}, ^{3} bezeichnen, daß die Sternbilder an der betreffenden Stelle so aufeinander folgen. Welchem hebräischen Worte die Sternnamen der LXX, Itala und Vulgata gleichzusetzen sind, ist wohl nicht in allen Fällen sicher zu bestimmen.

Die Bibelstellen sowohl aus den kanonischen Büchern als auch aus den Apokryphen und Pseudepigraphen sind nach der bekannten von Kautzsch herausgegebenen Übersetzung angeführt. In Fällen, wo ich der abweichenden, von Schiaparelli angenommenen Übersetzung gefolgt bin, ist dies durch Anwendung der *Kursive* gekennzeichnet. Bei Kautzsch bedeutet: ' ' Textkorrektur, [ ] Zusatz des Übersetzers.

Die 3. Auflage von Eberhard Schrader, *Die Keilinschriften und das Alte Testament*, ist nach den Bearbeitern Zimmern, bezüglich Winckler, KAT zitiert. Einen kurzen Abriß der babylonischen Astronomie gab kürzlich Winckler, *Himmels- und Weltenbild der Babylonier* (2. Aufl. Leipzig 1903) = Der alte Orient Jg. 3, H. 2/3 (angeführt Winckler AO).

Kiel, den 6. April 1904.

Der Übersetzer.

Inhaltsverzeichnis.

                                                                              Seite

1. Kapitel — **Einleitung** 1
   Das Volk Israel, seine Gelehrten und seine wissenschaftlichen Kenntnisse —— Natur und Poesie —— Allgemeines Bild der physischen Welt im Buche Hiob —— Kritik der Quellen.

2. Kapitel — **Das Firmament, die Erde, die Abgründe** 18
   Allgemeine Anordnung der Welt —— Die Erdscheibe —— Die Grenzen der den Hebräern bekannten Gegenden —— Die Angeln der Erde —— Der Abgrund und die *Scheôl* —— Das Firmament —— Die obern und untern Wasser —— Die Theorie von den unterirdischen Wassern und den Quellen, vom Regen, Schnee und Hagel: die Wolken —— Allgemeine Idee der hebräischen Kosmographie.

3. Kapitel — **Die Gestirne** 35
   Die Sonne und der Mond —— Ihr Lauf von Josua und andern aufgehalten —— Anspielungen auf totale Finsternisse, wahrscheinlich in den Jahren 831 und 824 v. Chr. —— Der Sternenhimmel —— Das Heer des Himmels —— Die Planeten: Venus und Saturn —— Kometen und Feuerkugeln —— Fall von Meteoriten —— Astrologie.

   [Übersicht der Sternnamen in den alten Übersetzungen] . 48

4. Kapitel — **Die Sternbilder** 50
   Schwierigkeiten des Gegenstandes —— Die ʿ*asch* oder ʿ*ajisch* und ihre Kinder —— Der *kesîl* und die *kesîlîm* —— Die *kîmah* —— Die *Kammern des Südens* —— Die *mezarîm* —— Der vermutete Drache —— Der *rahab*.

5. Kapitel — **Mazzaroth** 68
   Mazzarôth oder *Mazzalôth* —— Verschiedene Deutungen dieses Namens —— Kann nicht der Große Bär sein —— Bezeichnet wahrscheinlich die beiden Phasen der Venus —— Vergleichung eines biblischen Ausdruckes mit einigen babylonischen Denkmälern —— Nochmals *das Heer des Himmels*.

VIII   Inhaltsverzeichnis.

                                                               Seite

6. Kapitel — **Der Tag und seine Einteilung** 81
    Anfang des Tages am Abend in einem bestimmten Augenblick der Dämmerung —— *Zwischen den beiden Abenden* —— Einteilung der Nacht und des natürlichen Tages —— Die sogenannte Sonnenuhr des Ahas —— Keine Erwähnung von Stunden im Alten Testament; die aramäische *scha'ah*.

7. Kapitel — **Die hebräischen Monate** 91
    Mondmonat —— Bestimmung des Neumonds —— Reihenfolge der Monate in verschiedenen Epochen der hebräischen Geschichte —— Phönizische oder kananäische Monate —— Benennung mit Zahlen von Salomo an in Gebrauch —— Annahme der babylonischen Monate nach dem Exil.

8. Kapitel — **Das hebräische Jahr** 101
    Verschiedener Jahresanfang in verschiedenen Epochen —— Bestimmung des Passahmonats —— Was wußten die alten Hebräer von der Dauer des Jahres? —— Gebrauch der Oktaeteris —— Astronomische Schulen in den jüdischen Gemeinden Babyloniens.

9. Kapitel — **Bildung von Perioden durch die Siebenzahl** . . . 114
    Babylonische Mondwoche und freie hebräische Woche —— Sabbatruhe —— Jahr der Freilassung —— Erlaßjahr —— Sabbatjahr —— Epochen des Sabbatjahrs —— Jubeljahr —— Fragen betreffs seines Ursprungs und Gebrauchs.

Verzeichnis der Abbildungen.

                                                               Seite

Fig. 1. Der Himmel, die Erde, die Abgründe nach den Schriftstellern des Alten Testaments 33
Fig. 2. Sternbild der Hyaden (Aldebaran) 54
Fig. 3. Sternbild der Wurfschaufel nach den Hebräern . 64
Fig. 4. Sternbild der Kelle nach den Chinesen 64
Fig. 5. Sin (Mond), Šamaš (Sonne), Ištar (Venus) 77
Fig. 6. Sonne, Mond, Venus und das Heer des Himmels auf einem babylonischen Denkmal des 12. Jahrhunderts v. Chr. 80

Erstes Kapitel

Einleitung

Das Volk Israel, seine Gelehrten und seine wissenschaftlichen
Kenntnisse — Natur und Poesie — Allgemeines Bild der physischen
Welt im Buche Hiob — Kritik der Quellen.

1. Dem hebräischen Volke gewährte das Geschick nicht
den Ruhm, die Grundlagen der Wissenschaften zu schaffen, auch
nicht den, die Ausübung der schönen Künste zu hoher Vollendung zu erheben; beides war das große und unvergängliche
Verdienst der Griechen. Seine eigene Anlage und der Lauf
der Ereignisse machten es dafür fähig zu der nicht minder
wichtigen Mission, das religiöse Gefühl zu reinigen und dem
Monotheismus die Wege zu bereiten. Israel lebte, litt und erschöpfte sich ganz in der mühseligen Erfüllung dieser großen
Aufgabe. Seine Geschichte, seine Gesetzgebung, seine Literatur waren wesentlich auf dies Ziel gerichtet; Wissenschaft und
Kunst kamen für die Hebräer erst in zweiter Linie in Betracht.
Man darf sich darum nicht wundern, daß sie auf dem Felde
der wissenschaftlichen Begriffe und Theorien nur unbedeutende
und schwache Spuren hinterlassen haben, und daß sie in solchen
Dingen von ihren Nachbarn am Nil und am Euphrat weit übertroffen worden sind.

Doch man glaube nicht, daß die Hebräer gegen die Dinge
der Natur gleichgültig waren, daß sie ihren so mannigfaltigen
und so wunderbaren Schauspielen keine Aufmerksamkeit zugewandt, und daß sie nicht versucht haben, sich von ihnen auf
irgend eine Weise Rechenschaft zu geben. Im Gegenteil, überall
in den Denkmälern ihrer Literatur offenbart sich ihr tiefes
Naturgefühl, ihr der scharfen Beobachtung der Erscheinungen
und der Bewunderung des Schönen und Großartigen in ihnen
offener Geist. Die Deutung, die sie ihnen gaben (soweit es
noch möglich ist, sie in den fragmentarischen und oft unsicheren Hinweisen zu erforschen, die hier und da zufällig in

den Büchern des Alten Testamentes verstreut sind), scheint uns, wie es bei den primitiven Kosmologien immer vorkommt, viel mehr phantastisch als rationell; doch sie war nicht ein so ausschließliches Werk der Einbildungskraft, daß sie in willkürliche und zügellose Mythologie ausartete, wie man es bei den Ariern Indiens und bei den Hellenen der vorhistorischen Zeit beobachtet. Ausschließlich in der Verehrung Jahwes aufgehend, schrieben die Hebräer das Dasein der Welt ganz seiner Allmacht zu und ließen ihre Veränderungen von seinem oft veränderlichen Willen abhängen; niemals kam ihnen die Möglichkeit in den Sinn, daß die Vorgänge in der materiellen Natur sich nach unveränderlich feststehenden Normen vollzögen. Hiermit war die Grundlage für eine einfache und klare Kosmologie gegeben, die in vollkommenem Einklang mit den religiösen Vorstellungen stand und geeignet war, Menschen von primitiver Art und einfachem Geist vollkommen zu befriedigen, die viel Einbildungskraft und Gefühl besaßen, aber wenig daran gewöhnt waren, die Dinge und die Ursachen der Dinge zu analysieren.

2. Und man glaube auch nicht, daß das Wissen bei den Kindern Israel nicht gebührend in Ehren gehalten wurde, und daß es keine durch Gelehrsamkeit und höhere Bildung hervorragenden Männer gab, die darum bei ihren Landsleuten in hoher Achtung standen. Als das ganze Volk David als König anerkannte, hielten es elf von den zwölf Stämmen für genügend zur Vollziehung dieses Aktes, die Scharen ihrer Bewaffneten nach Hebron zu senden. Ein einziger, der Stamm Issachar, entsandte an der Spitze der Truppen als Deputation zweihundert seiner besten und weisesten Bürger. Der Verfasser der Chronik[1] erzählt: „Es kamen von den Nachkommen Issachars, die um die Zeitläufte Bescheid wußten, sodaß sie wußten, was Israel tun solle, 200 Hauptleute und ihre sämtlichen Stammesgenossen unter ihrem Befehl." Die *Kenntnis der Zeitläufte* wird von einigen Auslegern auf die Ordnung des Kalenders bezogen, die bei den Hebräern wichtig war, um das ziemlich verwickelte Ganze der Feste und der Opfer zu regeln, und diese Ansicht hat einige Wahrscheinlichkeit für sich.[2]

---

[1]) 1. Chron. 12, 32.

[2]) Weniger annehmbar scheint mir die Meinung von Reuß und Gesenius, die in den gelehrten Männern von Issachar ebensoviele Astrologen sehen; 200 Astrologen für einen einzigen der kleineren Stämme scheint mir zu viel. Überdies kann man bezweifeln, daß es in jenem

Derselbe Verfasser spricht an einer andern Stelle von drei in der Stadt Jabez ansässigen Familien, die berühmt waren, weil sich in ihnen der Beruf des Schreibers[1], was so viel bedeutet als des Gelehrten, vom Vater auf den Sohn vererbte. Sehr groß war auch noch der Ruhm der Weisen von Edom, einem dem Volke Israel nahe verwandten Volke, das von ihm lange Zeit als Bruder angesehen wurde. Der Verfasser des Buches Hiob hat fünf weisen Edomitern seine tiefen Betrachtungen über den Ursprung des Übels und die allgemeine Gerechtigkeit in den Mund gelegt. Die Weisheit der Edomiter und ihre Klugheit in wichtigen Entscheidungen waren sprichwörtlich geworden.[2]

An Salomo werden seine umfangreichen wissenschaftlichen Kenntnisse mit höchstem Lobe ausgezeichnet. Man liest im ersten Buche der Könige[3]: „Die Weisheit Salomos war größer, als die Weisheit aller, die gegen Morgen wohnen, und als alle Weisheit Ägyptens. Und er war weiser als alle Menschen, [auch weiser] als Ethan, der Esrahiter, und Heman und Chalkol und Darda, die Söhne Mahols, und war berühmt unter allen Völkern ringsum . . . . . Und er redete über die Bäume, von der Ceder auf dem Libanon an bis zum Ysop, der aus der Mauer hervorwächst. Auch redete er über die [vierfüßigen] Tiere und die Vögel, über das Gewürm und die Fische." Hier sieht man, daß auch weniger berühmte Weise als Salomo, wie Ethan, Heman, Chalkol und Darda, einen Ehrenplatz in dem Andenken ihrer Landsleute einnahmen.

Im Buche der Weisheit (7, 17—21) wird Salomo vorgeführt, wie er gemäß der Volksmeinung von sich selbst spricht: „Gott hat mir die irrtumslose Kenntnis der Dinge verliehen, sodaß ich das System der Welt und die Kraft der Elemente kenne,

---

Zeitraum wirkliche Astrologen in Israel gab. Die LXX fassen die Stelle anders auf und übersetzen: γινώσκοντες σύνεσιν εἰς τοὺς καιρούς. S. Reuß in seinem Kommentar und Gesenius, Thesaurus philologico-criticus linguae hebraicae et chaldaicae Veteris Testamenti, 994.

[1]) 1. Chron. 2, 55. Ich halte mich an den Sinn, in dem diese Stelle von den LXX und der Vulgata verstanden ist, von dem jedoch die meisten modernen Übersetzer abweichen. Was die Stadt der Bücher (*Qirjath Sepher*) betrifft, auf die im 1. Kapitel des Richter-Buches angespielt wird, so würde sie mehr ein Zeugnis für die Bildung der Kanaaniter als für die der Israeliten sein.

[2]) Obadja 8; Jer. 49, 7; Baruch 3, 22—23.

[3]) 1. Kön. 5, 10—13 (nach der Vulgata 4, 30—33).

Anfang und Ende und Mitte der Zeiten, Wandel der Sonnenwenden und Wechsel der Jahreszeiten, den Kreislauf der Jahre und die Stellungen der Gestirne, die Natur der Tiere, und die gewaltigen Triebe der wilden Tiere, die Gewalt der Geister (= Macht über die Dämonen) und die Gedanken der Menschen, die Verschiedenheiten der Pflanzen und die [magischen] Kräfte der Wurzeln. Alles, was es nur [von Dingen] Verborgenes und Offenbares gibt, erkannte ich; denn die Künstlerin von allem, die Weisheit, lehrte es mich."

3. Von Anfang an wurde die Betrachtung des Geschaffenen von den Hebräern zu den Ehren der Poesie erhoben. In keiner der alten Literaturen hat die Natur den Dichtern so reichliche und lautere Quellen der Begeisterung gespendet. Über diesen Gegenstand hat Alexander von Humboldt einige schöne und wahre Bemerkungen gemacht.[1] „Es ist ein charakteristisches Kennzeichen der Naturpoesie der Hebräer, daß, als Reflex des Monotheismus, sie stets das Ganze des Weltalls in seiner Einheit umfaßt, sowohl das Erdenleben als die leuchtenden Himmelsräume. Sie weilt seltener bei dem Einzelnen der Erscheinung, sondern erfreut sich der Anschauung großer Massen. Die Natur wird nicht geschildert als ein für sich Bestehendes, durch eigene Schönheit Verherrlichtes; dem hebräischen Sänger erscheint sie immer in Beziehung auf eine höher waltende geistige Macht. Die Natur ist ihm ein Geschaffenes, Angeordnetes, der lebendige Ausdruck der Allgegenwart Gottes in den Werken der Sinnenwelt. Deshalb ist die lyrische Dichtung der Hebräer schon ihrem Inhalte nach großartig und von feierlichem Ernst."

4. Unzählig sind bei den biblischen Schriftstellern die Bilder und Vergleiche, die dem Himmel, der Erde, den Abgründen, dem Meere, den Erscheinungen der Luft und des Wassers und dem ganzen Tier- und Pflanzenreich entnommen sind. Der lebhafte Eindruck, den sie davon empfingen, findet seinen erhabensten Ausdruck bei einem ihrer großen Denker, dem Verfasser des Buches Hiob. In den Kapiteln 38 und 39, die man als eins der schönsten Stücke der hebräischen Literatur ansehen kann, wird Gott selbst redend eingeführt; um Hiob zu überführen, daß er Unrecht hat, sich über sein (wennschon unverdientes) Unglück zu beklagen, zeigt er ihm, daß er nichts von den Ordnungen versteht, nach denen die Welt ein-

---

[1] Kosmos, Bd. 2, Stuttgart und Tübingen 1847, 45.

gerichtet ist und gelenkt wird, und daß er nichts von den Plänen des Allmächtigen begreifen kann. Und zu diesem Zwecke führt er ihm der Reihe nach die großen Geheimnisse der Natur vor Augen, damit sich Hiob von der eigenen Torheit und der eigenen Nichtigkeit überzeuge:

Wer da verdunkelt [tiefen] Ratschluß mit Worten ohne Einsicht? Auf, gürte deine Lenden wie ein Mann; so will ich dich fragen, und du belehre mich! Wo warst du, als ich die Erde gründete? Sag an, wenn du Einsicht besitzest! Wer hat ihre Maße bestimmt — du weißt es ja! — oder wer hat über sie die Meßschnur gespannt? Auf was sind ihre Pfeiler eingesenkt, oder wer hat ihren Eckstein hingeworfen, unter dem Jubel der Morgensterne allzumal, als alle Gottessöhne jauchzten? Wer verwahrte hinter Toren das Meer, als es hervorbrach, aus dem Mutterschoß hervorging, als ich Gewölk zu seinem Kleide machte und dichte Finsternis zu seinen Windeln? als ich ihm 'seine' Grenze ausbrach und Riegel und Tore setzte und sprach: „Bis hierher sollst du kommen und nicht weiter, und hier 'soll sich brechen' deiner Wogen Übermut!" Hast du je in deinem Leben dem Morgen geboten, dem Frührot seine Stätte angewiesen?... Bist du zu des Meeres Strudeln gelangt und hast du auf dem Grunde der Tiefe gewandelt? Haben sich dir des Todes Tore aufgetan und schautest du die Tore des tiefen Dunkels? Hast du der Erde Breiten überschaut? Sag an, wenn du das alles weißt! Wo doch ist der Weg dahin, wo das Licht wohnt, und die Finsternis, — wo ist doch ihre Stätte, daß du sie in ihr Gehege brächtest und die Pfade zu ihrem Hause kenntest? Du weißt es, denn damals wurdest du geboren, und deiner Tage Zahl ist groß!

Bist du zu den Speichern des Schnees gelangt und hast du die Speicher des Hagels erschaut, den ich aufgespart habe für die Drangsalszeit, für den Tag der Schlacht und des Kriegs? Wo ist doch der Weg dahin, wo das Licht sich teilt, der Ost sich über die Erde verbreitet? Wer hat dem Regen Kanäle gespalten und einen Weg dem Wetterstrahl, um es regnen zu lassen auf menschenleeres Land, auf die Wüste, in der niemand wohnt, um Öde und Wildnis zu sättigen und frischen Graswuchs sprießen zu lassen? Hat der Regen einen Vater, oder wer hat die Tautropfen gezeugt? Aus wessen Schoße ging das Eis hervor, und des Himmels Reif, wer hat ihn geboren? Wie Stein verdichten sich die Wasser und die Fläche der Flut hält fest zusammen. Vermagst du die Bande der Plejaden zu knüpfen oder die Fesseln des Orions zu lösen? Führst du die *Mazzarôth* heraus zu ihrer Zeit und leitest du die '*Ajisch*[1] samt ihren Jungen? Kennst du die Gesetze des Himmels oder bestimmst du seine Herrschaft über die Erde? Erhebst du zur Wolke deine Stimme, daß Schwall von Wassern dich bedecke? Entsendest du Blitze, daß sie hinfahren und zu dir sagen: Hier sind wir? Wer hat ins [Wolken-]Dunkel Weisheit gelegt oder wer verlieh dem Luftgebilde Verstand? Wer zählt die Wolken mit Weisheit ab, und die

---

[1]) Was *Mazzarôth* und '*Ajisch* sind, wird man weiter unten §§ 41 und 63 sehen.

Krüge des Himmels — wer legt sie um? wenn der Staub zu Gußwerk zusammenfließt und die Schollen aneinander kleben?

Erjagst du für die Löwin Beute und stillst du die Gier der jungen Löwen, wenn sie sich in den Lagerstätten ducken, im Dickicht auf der Lauer liegen? Wer bereitet dem Raben seine Zehrung, wenn seine Jungen zu Gott schreien, umherirren ohne Nahrung? Weißt du die Zeit, da die Felsgemsen werfen? Beobachtest du der Hirschkühe Kreißen? Zählst du die Monde, die sie trächtig gehn, und weißt du die Zeit, wann sie gebären? Sie krümmen sich, lassen ihre Jungen durchbrechen, werden rasch ihrer Wehen ledig. Ihre Jungen erstarken, wachsen auf im Freien, laufen fort und kehren nicht wieder zurück. Wer hat den Wildesel frei gelassen und wer des Wildfangs Bande gelöst, dem ich die Wüste zur Behausung gab und die Salzsteppe zur Wohnung? Er lacht des Getöses der Stadt; das Lärmen des Treibers hört er nicht. Was er auf den Bergen erspäht, ist seine Weide, und allem Grünen spürt er nach. Wird dir der Wildochs willig dienen oder wird er an deiner Krippe übernachten? Vermagst du den Wildochsen mit dem Leitseil an die Furche zu fesseln, oder wird er dir folgend die Talgründe ackern? Verlässest du dich auf ihn, weil seine Kraft so groß, und überlässest du ihm deinen [Ernte-]Ertrag? Traust du ihm zu, daß er deine Saat einbringe und [sie] auf deine Tenne sammele? Der Straußenhenne Feder schlägt lustig; ist's fromme Schwinge und Feder? Nein! sie überläßt der Erde ihre Eier und brütet sie am Boden aus und vergißt, daß ein Fuß sie zerdrücken und das Wild der Steppe sie zertreten kann. 'Sie ist hart' gegen ihre Jungen, als gehörten sie ihr nicht; ob umsonst ihre Mühe, das ängstigt sie nicht. Denn Gott hat ihr Klugheit versagt und keinen Anteil an Verstand gegeben. *Zur Zeit, wo sie im Lauf dahin peitscht, lacht sie des Rosses und seines Reiters.*[1] Gibst du dem Rosse Heldenkraft? Bekleidest du seinen Hals mit flatternder Mähne? Machst du es springen wie die Heuschrecke? Sein prächtiges Schnauben, wie furchtbar! 'Es scharrt' im Talgrund und freut sich der Kraft, zieht aus entgegen dem Harnisch. Es lacht der Furcht und erschrickt nicht und macht nicht Kehrt vor dem Schwert. Auf ihm klirrt der Köcher, der blitzende Speer und die Lanze. Mit Toben und Ungestüm schlürft es den Boden und hält nicht Stand, wenn die Trompete tönt. So oft die Trompete tönt, ruft es: Hui! und wittert den Streit von ferne, der Anführer donnernden Ruf und das Schlachtgeschrei. Hebt der Habicht kraft deiner Einsicht die Schwingen, breitet seine Fittiche aus nach Süden hin? Oder fliegt auf dein Geheiß der Adler so hoch und baut sein Nest in der Höhe? Auf dem Felsen wohnt und horstet er, auf des Felsen Zacke und Hochwacht. Von dort erspäht er den Fraß; in weite Ferne blicken seine Augen. Und seine Jungen schlürfen Blut, und wo Erschlagene sind, da ist er.

Hadern mit dem Allmächtigen will der Tadler? Der Ankläger Gottes antworte darauf!

Diese großartige Aufzählung, die nur dem lang erscheinen wird, der alles nach den Vorstellungen der eigenen Zeit zu beurteilen pflegt, enthält ein vollständiges Bild der physischen

---

[1] Nach Duhm.

Welt, wie es vielleicht noch von niemand entworfen worden war. Auch ist dies nicht die einzige Übersicht der Dinge der Natur, die man im Alten Testamente trifft. Außer jener bekannten, die die Genesis in der Schöpfungsgeschichte bietet, findet sich eine andere gleichfalls großartige in Psalm 104[1]. Bemerkenswert, obwohl kürzer und weniger vollständig, sind noch andere in Hiob Kap. 26, in Psalm 136 und 148 und in den Sprüchen Kap. 8. Man sieht, daß dieser Gegenstand sowohl durch seine Großartigkeit als auch durch seine Mannigfaltigkeit die Phantasie jenes Volkes reizte und seinen größten Dichtern Anlaß zu anziehenden Gemälden gab, die im stande sind, Bewunderung zu erregen: damals, jetzt und in alle Zukunft.

5. Auf diesen schönen Blättern tritt vor allem die bewundernde und enthusiastische Betrachtung des Himmels, der Erde, der Abgründe, kurz des ganzen großen Weltgebäudes hervor. Und da das Geheimnis stets die Quelle der Verwunderung und des Staunens ist, war die Wirkung auf jene vom Zweifel und von der Kritik unberührten Gemüter um so größer, als die Himmel, die Erde unterhalb der Oberfläche, der Grund des Meeres, die Abgründe für geheime und dem menschlichen Denken unerforschbare Dinge gehalten wurden. „Kennst du die Gesetze des Himmels" lautet eine Frage, die Gott zusammen mit vielen andern an Hiob richtet, auf die man gleich schwer antworten kann.[2] Denselben Gedanken finden wir im Buche der Weisheit: „Mit Mühe schon erraten wir das Irdische und das vor unsern Händen [Liegende] finden wir [nur] mit Anstrengung. Wer aber spürt das Himmlische aus?"[3] Man sah es als unmöglich für den Menschen an, zum Begreifen solcher Geheimnisse zu gelangen, und hielt deshalb jeden Versuch, es zu erwerben, für unnütz, wenn Gott es nicht als besondere Gabe gewährte, wie man, so scheint es, den Fall Salomos verstand.[4] Doch vor allem hielt die Hebräer von dem Studium des Himmels der Umstand zurück, daß sie sahen, wie die Nachbarvölker Mesopotamiens von der Astronomie zur Astrologie und von dieser zur Astrolatrie, d. i. zur Verehrung der Sonne, des Mondes *und des ganzen Heeres des Himmels*, geführt worden

---

[1]) Man kann noch hinzufügen die bei Jesus Sirach, Kap. 43, und die im Gesang der drei Männer im feurigen Ofen enthaltene (in der Vulgata Dan. 3, 52—90), die als jüngere Nachahmungen anzusehen sind und in der hebräischen Bibel fehlen.

[2]) Hiob 38, 33. — [3]) Weish. 9, 16.

[4]) Dies wird ausdrücklich Weish. 7, 17 im Namen Salomos versichert.

waren; diese Verehrung verabscheuten sie nicht minder, als dem Baal, der Astarte oder dem Moloch zu opfern, und sie wurde ihnen noch mehr zum Greuel, nachdem unter einigen Königen Judas ein solcher Kultus sogar in Jerusalem eingedrungen war und den Tempel Jahwes entweiht hatte. Darum wurden die Propheten nicht müde, den Anbetern der Gestirne die schrecklichsten Strafgerichte anzudrohen. Einer der größten Schriftsteller des Exils, der anonyme Verfasser des zweiten Teiles (Kap. 40—66) des Buches, das den Namen des Jesaja trägt, weissagte die Demütigung Babels[1] und rief aus: „Es mögen doch hintreten und dich erretten, die des Himmels 'kundig sind', die nach den Sternen schauen, die alle Neumonde Kunde geben von dem, was dich betreffen wird! Schon sind sie wie Stoppeln geworden, die Feuer versengt hat: sie werden ihr Leben nicht aus der Gewalt der Flamme erretten." Jeremia verkündet den Sündern des Reiches Juda[2]: „Zu jener Zeit — ist der Spruch Jahwes — wird man die Gebeine der Könige von Juda und die Gebeine seiner Oberen, die Gebeine der Priester und die Gebeine der Propheten und die Gebeine der Bewohner Jerusalems aus ihren Gräbern herausholen und wird sie hinbreiten der Sonne und dem Monde und dem ganzen Himmelsheere, die sie [bei Lebzeiten] geliebt und denen sie gedient haben, denen sie nachgelaufen sind und vor denen sie sich niedergeworfen haben: sie werden nicht [wieder] eingesammelt, noch begraben werden, als Mist auf dem Acker sollen sie dienen." Ähnlich prophezeit Zephanja[3] im Namen des Herrn: „Ich werde meine Hand wider Juda und wider alle Bewohner Jerusalems ausrecken und ... hinwegtilgen, die sich auf den Dächern vor dem Heere des Himmels niederwerfen, und die sich niederwerfen vor Jahwe und zugleich beim 'Milkom' schwören." Der Abscheu vor der Verehrung der Gestirne hat bei Jesaja eine solche Höhe erreicht, daß er ihre Vernichtung voraussagt[4]: „Das ganze Himmelsheer zergeht, wie ein Buch rollt sich der Himmel zusammen, und all sein Heer welkt ab, wie das Laub am Weinstock verwelkt, wie welke Blätter am Feigenbaum." Die erzwungene Berührung, in welche das Volk Israel mit seinen assyrischen und babylonischen Bedrückern kam, konnte es gewiß nicht verleiten, an ihren Sitten, ihren Künsten und ihrem Wissen teilzunehmen: es versenkte sich in

---

[1]) Jes. 47, 13—14. — [2]) Jer. 8, 1—2. — [3]) Zeph. 1, 4—5. — [4]) Jes. 34, 4.

die eigene Trauer und die eigenen Hoffnungen, bessere Zeiten erwartend.

6. In Anbetracht dessen darf sich niemand darüber wundern, daß die Astronomie bei den Hebräern ungefähr auf jener selben Stufe stehen geblieben ist, die, wie wir wissen, einige barbarische Völker Amerikas und Polynesiens erreicht und bisweilen überschritten haben. Doch sie hatten das Glück, durch die Jahrhunderte hindurch den besten Teil ihrer Literatur zu bewahren; und das andere noch außerordentlichere Glück, diese Literatur als erste Grundlage des Christentums sich über die ganze Welt verbreiten und so geistiges Besitztum, wenn nicht des größten, so doch des intelligentesten Teiles der Menschheit werden zu sehen. Darum sind wir viel besser als für die Babylonier und die Ägypter, für die Phönizier und die primitiven Araber im stande, uns eine konkrete Vorstellung von ihren astronomischen Kenntnissen und ihrer Kosmologie zu machen; uns begünstigt hierin der Umstand, daß die biblischen Schriftsteller häufig auf solche Gegenstände anspielen.

Von diesem Gedanken geleitet, hielt ich es für eine Arbeit, die auf einiges Interesse Anspruch machen könnte, zu untersuchen, welche Vorstellungen die alten Weisen Israels von dem Baue des Weltalls hatten, welche Beobachtungen der Gestirne sie machten, und wie sie sich ihrer zur Messung und Einteilung der Zeit bedienten. Es ist wahr, das israelitische Denken hat sich auf diesem Gebiete nicht in seiner größten Originalität und in seiner größten Stärke geoffenbart. Dennoch ist es auch wahr, daß uns nichts in dem Leben dieses außerordentlichen Volkes gleichgültig sein kann, dessen geschichtliche Wichtigkeit für uns sicherlich nicht hinter der der Griechen und Römer zurücksteht.

7. Die Grundlage für solche Forschungen müßte natürlich der hebräische Text der Bücher sein, aus denen das Alte Testament besteht, wenn man nur sicher wäre, überall seinen Sinn richtig zu erfassen. Doch man muß eingestehen, daß wir von einem solchen Ziele noch weit entfernt sind; groß ist die Zahl der Worte und Wendungen, über deren Deutung die kompetentesten Ausleger keine Einigung haben erzielen können. Ja noch mehr, zu dieser Zahl gehören viele der Worte, die astronomische Dinge und Erscheinungen betreffen. Viel Hilfe, scheint es, müßte man hier von den alten Übersetzungen erhoffen, besonders von der sogenannten LXX, die von

hellenistischen Juden nicht später als zwei oder drei Jahrhunderte nach Esra verfertigt wurde, also zu einer Zeit, in der die echte Überlieferung über die Bedeutung eines jeden hebräischen Wortes der heiligen Schriften bei den Gesetzeslehrern noch lebendig sein mußte. Aber bei der praktischen Ausführung erfuhr diese Hoffnung, wenigstens für den vorliegenden Fall, nicht viel Bestätigung: sei es, weil bei einem sozusagen technischen Gegenstande und bei Dingen, welche der großen Menge der Menschen nicht immer vertraut sind, es leicht vorkommen konnte, daß die richtigen Erklärungen der betreffenden Worte schnell verloren gingen; sei es, weil in dieser und den anderen Übersetzungen von verhältnismäßigem Alter (Aquila, Symmachus, Vulgata, Peschitta), die ausschließlich für religiösen Gebrauch und für erbauliche Lektüre der Gläubigen gemacht wurden, es wirklich nicht nötig und auch nicht sehr nützlich war, sich abzumühen, für solche wissenschaftlichen Kleinigkeiten eine untadelige Übersetzung zu suchen, die man in vielen Fällen überhaupt nicht mehr finden konnte. Bei solchen Anlässen zu schwerem Bedenken konnte ich nichts anderes tun als das Urteil ganz dem Leser überlassen, nachdem ich ihm gewissenhaft den Stand der Frage auseinandergesetzt und die Ansichten der angesehensten Ausleger und Kommentatoren vorgeführt habe; nicht ohne bisweilen darauf hinzuweisen, welche Ansichten unhaltbar zu sein scheinen, und welche unter allen den höchsten Grad von Wahrscheinlichkeit auf ihrer Seite haben.

8. Dies ist jedoch nicht die einzige Schwierigkeit, die sich unserm Unternehmen entgegenstellt. Unter einem Namen und in einem Bande von nicht großem Umfang umfaßt das Alte Testament viele Schriftsteller aus ziemlich verschiedenen Zeiten, von denen man schwerlich wird behaupten können, daß sie alle eine schlechterdings identische Vorstellung von der Welt und den himmlischen Dingen besaßen. Und wenn man auch bei ganz primitiven und aus dem einfachsten Zeugnis der Sinne abgeleiteten Kenntnissen keine große Verschiedenheit erwarten kann, so ist doch nicht minder wahr, daß man in den Einzelheiten hier und da einige Abweichungen zwischen dem einen und dem andern Schriftsteller antrifft. Ein Beispiel davon haben wir in der Theorie vom Regen nach der Genesis und nach dem Verfasser des Buches Hiob. Was aber die Kosmologie im allgemeinen anbetrifft, so scheinen alle Schriftsteller sich die Dinge der Natur nach einem gemeinsamen

Typus gedacht zu haben, der in den Hauptlinien unveränderlich feststeht.

Größer sind die Abweichungen, die man in den verschiedenen Epochen des biblischen Judentums in bezug auf die Weise, die Einteilungen der Zeit zu bezeichnen, und in bezug auf den Gebrauch gewisser siebenjähriger Perioden antrifft. Man wird diese Dinge nicht in ihrer geschichtlichen Folge begreifen können, wenn man nicht für jeden der zum Zeugnis angerufenen Schriftsteller annähernd die Zeit kennt, in der er lebte: und diese Zeit ist für verschiedene unter ihnen, besonders für die wichtigsten, die Verfasser des Pentateuchs, noch Gegenstand heißen Streites. So z. B. muß man, um über den geschichtlichen Wert der Nachrichten, die in betreff der großen halbhundertjährigen Periode, des sogenannten Jubeljahrs, auf uns gekommen sind, ein zutreffendes Urteil fällen zu können, annähernd wissen, zu welcher Zeit die Kapitel 25 und 27 des Leviticus geschrieben wurden; von einigen werden sie für das Werk des Moses selbst gehalten, während andere ihre Abfassung fast um tausend Jahre, bis nach Esra, hinabrücken!

9. Die literarische und historisch-kritische Analyse des Pentateuchs ist ein gewaltiges Problem, um dessen Lösung sich seit ein und einem halben Jahrhundert die gelehrtesten Forscher mit großem Eifer abmühen; doch entsprach ihr Erfolg nicht immer der Größe und dem Verdienste ihrer Anstrengungen. Da die Untersuchungen meistens mit wenig strengen Methoden (nur selten erlaubt der Stoff andere) ausgeführt und nur zu oft auf ganz subjektiven Kriterien aufgebaut wurden, erzielten sie lange Zeit ein Resultat, das man zum größten Teile ein Chaos von abweichenden Schlüssen nennen kann. Denn in diesem, wie in allen sehr verwickelten und schwierigen wissenschaftlichen Problemen, ist der menschliche Geist, wie es scheint, dazu verurteilt, die Wahrheit nur zu erreichen, nachdem er eine große Menge verfehlter Kombinationen versucht und ein ganzes Labyrinth von Irrtümern durchlaufen hat. Trotzdem ist die Geduld und die Beharrlichkeit dieser Forscher bisweilen durch die Entdeckung einiger besonderer Tatsachen belohnt worden, die man hinreichend einleuchtend und überzeugend zu beweisen vermochte. Das genaue Studium dieser Tatsachen und ihrer Beziehungen, ihre umsichtige Anordnung haben ihre Früchte getragen.

Inmitten vieler Verirrungen und Widersprüche ist endlich in den letzten fünfzig Jahren nach und nach die Richtung einer weniger willkürlichen und auf sicherern Grundsätzen ruhenden Forschung durchgedrungen, deren Ergebnisse, allmählich durch gründliche Erörterungen verbessert, jetzt auf einem Boden zu ruhen scheinen, der fest genug ist, um einen gewissen Grad von Vertrauen einzuflößen. Ich spiele hier auf die Theorie von Reuß und Graf an, der in der letzten Zeit viele der angesehensten Kritiker beigetreten sind; es wird genügen, von ihnen J. Wellhausen zu nennen, der in seinen *Prolegomena zur Geschichte Israels* sehr klare und zwingende Beweise für sie beigebracht hat.[1] Wenn man auch in den Darlegungen dieser Schriftsteller das streicht, was weniger fest behauptet und weniger einleuchtend bewiesen zu sein scheint, so bleibt doch noch so viel übrig, daß man mit hinreichender geschichtlicher Wahrscheinlichkeit die wichtige Tatsache feststellen kann, daß die letzte Redaktion des Pentateuchs, weit davon entfernt, der Einwanderung des Volkes Israel aus Ägypten ins Land Kanaan gleichzeitig zu sein, im Gegenteil den letzten Zeiten des biblischen Judentums angehört und sozusagen dessen letzte und vollkommenste Blüte bildet. Er stellt sich als eine Kompilation von religiösen, geschichtlichen und gesetzgeberischen Stoffen dar, die ganz verschiedenen Epochen, von Moses bis nach Esra, angehören; und nicht immer sind die Materialien dieser Kompilation zu einem Ganzen verarbeitet, sondern sehr oft so neben einander gestellt, daß sie eine annähernde Wiederherstellung der ursprünglichen Urkunden oder wenigstens deren Einteilung nach ihren Tendenzen und Epochen gestatten.

10. Was den religiösen und gesetzgeberischen Teil betrifft, so kann man drei Schichten unterscheiden.

I. Der *Erste Kodex* oder das *Bundesbuch*[2], das für uns die älteste und einfachste Form des mosaischen Gesetzes darstellt. Es ist uns, wie es scheint, nahezu vollständig, in den Kapiteln 21—23 des Exodus erhalten; der Dekalog geht ihm

---

[1]) Die Hypothese von Reuß haben auch zwei italienische Schriftsteller zur Grundlage ihrer wichtigen Arbeiten gemacht, nämlich Castelli (*Storia degli Israeliti*, 2 Bde., Milano, Hoepli 1887—88) und Revel (*Letteratura Ebraica*, 2 Bde., Milano, Hoepli 1888): beide lobenswert wegen ihres gerechten und maßvollen Urteils in der Behandlung dieser schwierigen Probleme. In einer andern Schrift (*La Legge del popolo Ebreo*) hat Castelli auch einige Zusätze und Abänderungen zur Theorie von Reuß vorgeschlagen.

[2]) Sepher Berîth: ausdrücklich so genannt in Exod. 24, 8.

als eine Art Einleitung voran. Seine Epoche ist unsicher; ich werde jedoch zu rechter Zeit auseinandersetzen, nach welchen innerlichen Merkmalen es, wie mir scheint, jedenfalls für älter als die Epoche Salomos angesehen werden muß. Ja ich halte es für wahrscheinlich, daß es die erste Kodifikation der alten Gebräuche und Riten des Volkes Israel gemäß den auf Moses zurückgeführten Grundsätzen und Überlieferungen darstellt. — II. Der *Prophetische Kodex*, der den größern Teil des Buches umfaßt, das wir heute Deuteronomium nennen[1], stellt das Ganze des mosaischen Gesetzes dar, wie es die Propheten der beiden Jahrhunderte, die der Zerstörung des ersten Tempels vorangingen, auffaßten. Auch ihm geht der Dekalog als Einleitung voran. Allgemeine Billigung findet die Annahme, daß das im Tempel aufgefundene und von Josia, dem König von Juda, im Jahre 621 v. Chr. proklamierte Gesetzbuch[2] nichts anderes als der Prophetische Kodex war. — III. Alle andern Gesetze des Pentateuchs, die nach Absonderung des Bundesbuches und des Prophetischen Kodex übrig bleiben, werden mit einigen wenigen Ausnahmen wegen des großen Übergewichts, das die Einrichtung des Kultus und die Wissenschaft der Riten in ihnen hat, unter dem Namen *Priester-Kodex* zusammengefaßt. Er stellt die Gesetzgebung Esras mit verschiedenen Zusätzen und später eingeführten Änderungen dar. Er ist kein richtiger Kodex, sondern vielmehr eine mangelhaft geordnete Anhäufung von Satzungen und Vorschriften, von denen ein Teil mit größern oder geringern Änderungen die älterer Kodizes wiederholt, ein Teil unter der Form des Stiftshütten-Dienstes das Ritual des salomonischen Tempels wiederzugeben scheint; der größere Teil enthält, was man während des Exils und nach dem Exil bis zu verhältnismäßig späten Zeiten (ungefähr bis zum Jahre 400 v. Chr.) in betreff der bürgerlichen und religiösen Ordnung ausgedacht und ersonnen hat, die dem neuen, sich nach und nach um den zweiten Tempel bildenden hierokratischen Gemeinwesen zu geben sei.

11. Mit dem Priester-Kodex vereinigte man eine gedrängte Erzählung von der Entstehung der Welt und der Menschen, die Geschichte der Sintflut und der Erzväter, der Befreiung aus Ägypten, des Gesetzes vom Sinai und der Eroberung des Landes Kanaan. Diese Erzählung, die sich durch eine Fülle von Zahl-

---

[1]) Eigentlich die Kap. 5—26.
[2]) 2. Kön. 22—23.

angaben und Geschlechtstafeln auszeichnet, sollte hauptsächlich den mosaischen Gesetzen als geschichtliche Einleitung und als Erläuterung ihrer Entstehung und ihrer Motive dienen, ohne viel auf andere Umstände einzugehen. Glücklicherweise hatte der Redaktor des Pentateuchs außer dieser noch eine andere umfangreichere und malerischere Erzählung derselben Tatsachen zu seiner Verfügung, die vor dem Einfall der Assyrer, als noch die Reiche Israel und Juda bestanden, in einer den erzählten Tatsachen viel nähern Zeit nach den alten Chroniken und Gesängen und mündlichen Volksüberlieferungen zusammengestellt war; und diese zweite Erzählung wurde von ihm mit der obigen verflochten. Ihr verdankt man besonders jenes Gepräge einfacher und unnachahmlicher Schönheit, das den geschichtlichen Teil des Pentateuchs auszeichnet. Die beiden Erzählungen sind so verschieden in ihrem Stil, und der letzte Bearbeiter hat so getreu die ursprüngliche Ausdrucksweise bewahrt (indem er nur strich, was unnütze Wiederholungen herbeigeführt hätte), daß es sehr häufig glückt, das Eigentum des einen von dem des andern der beiden Erzähler zu scheiden[1] und sich so ein Urteil über den Grad des Alters und der Glaubwürdigkeit, den man diesem oder jenem Umstande der erzählten Tatsachen zumessen kann, zu bilden.

12. Das Gesagte möge genügen, um eine Idee von den Kriterien zu geben, auf die ich mich in den Fällen stützen zu müssen glaubte, in denen es darauf ankommt, irgend einen Begriff von der Zeit zu haben, in der eine gegebene Nachricht des Pentateuchs und des Buches Josua geschrieben wurde; denn dies kann man als einen Anhang zu jenem betrachten, da es

---

[1]) Nicht so weit jedoch, daß man alle einzelnen Kapitel oder Verse oder Versteile oder auch einzelne abgesonderte Worte scheiden und ihren eigenen Verfassern zuerteilen kann, wie jüngst einige tun zu können meinten. Wenn bei einer solchen Operation die Analyse gewisse Grenzen überschreiten will, innerhalb welcher man eine vernünftige Übereinstimmung erzielen kann (und auch wirklich erzielt hat), wagt man sich auf das schwankende und unwegsame Gebiet der persönlichen Ansichten, und die Kritik hört auf, eine achtungswürdige Wissenschaft zu sein. Über diese und andere Mißbräuche in der Analyse und Auslegung der biblischen Texte schrieb Professor F. Scerbo strenge und treffende Bemerkungen in seinem Buche: Il Vecchio Testamento e la critica odierna, Firenze 1902. Im selben Sinne Castelli, Storia degli Israeliti, pag. LVII und LVIII der Einleitung. — Solche Ausschweifungen haben den Erfolg gehabt, um diese Studien eine Atmosphäre von Zweifel und Mißtrauen zu schaffen, die der Sache der Wahrheit äußerst schädlich ist.

aus denselben Quellen stammt. Im allgemeinen haben die Schlüsse, zu denen ich auf dem beschränkten Gebiete dieser meiner vorliegenden Studien geführt worden bin, die Richtigkeit dieser Kriterien bestätigt, ja haben bisweilen zu ihrer weitern Bekräftigung gedient.

Für andere Bücher des Alten Testaments gibt es keine chronologische Frage, oder sie ist wenigstens nicht derart, daß sie für uns große Bedeutung annähme, da die Bibelforscher sich hinlänglich über die Zeit geeinigt haben, in der sie die gegenwärtige Form erhielten. Dazu gehören alle geschichtlichen Bücher vom Buche der Richter bis zur Chronik. Für einige der sogenannten Hagiographen indeß, besonders für die Sammlung der Psalmen, für die der Sprüche und für das Buch Hiob, das für unsern Zweck so wichtig ist, ist die Zeit noch mehr oder weniger unsicher. Doch man wird sehen, daß die diesen Quellen entnommenen Nachrichten meist dem allgemeinen Besitzstande des hebräischen Wissens angehören: und die genaue Bestimmung ihrer Zeit wird man selten als eine für uns sehr wichtige Sache ansehen können.

13. So viel über die Bücher des Alten Testaments, die unsere hauptsächliche, ja man kann sogar sagen, unsere einzige Quelle sind. Man wird jetzt vielleicht die Frage aufwerfen, ob das Volk Israel, das zu verschiedenen Zeiten in enger Berührung mit so hoch zivilisierten Völkern wie den Ägyptern, den Phöniziern, den Babyloniern stand, nicht einen Teil ihrer Ideen in sich habe aufnehmen können. In diesem Falle würde sich eine neue Bahn der Forschung vor uns auftun.

Hierauf ist zu erwidern, daß, was Ägypten betrifft, die vielen Jahre, die sich die Israeliten nach der Überlieferung dort vor Moses aufgehalten haben, in ihnen nicht viele Spuren hinterlassen zu haben scheinen. Das Ägyptische, was man bei den Israeliten finden kann, ist wenig, so wenig, daß es bei einigen modernen Schriftstellern den Gedanken aufkommen ließ, daß der Aufenthalt in Ägypten und der nachfolgende Auszug reine Legenden ohne tatsächliche geschichtliche Grundlage seien.

Die Kultur der Phönizier, die zur kananäischen Rasse gehörten und fast die gleiche Sprache wie die Hebräer hatten, mußte sicherlich auf diese einen gewaltigen Einfluß ausüben; deutliche Anzeichen davon finden sich z. B. im ältesten hebräischen Kalender, aber besonders in der andauernden und mit geringem Erfolg unterdrückten Tendenz, in die alten Kulte des

Landes Kanaan zu verfallen, die sich in Israel einige Jahrhunderte hindurch kundgab. Eine Vergleichung der biblischen Schriftsteller mit den Denkmälern, die die Geschichte, die Religion und die Kultur der Phönizier betreffen, wäre daher in jeder Beziehung interessant. Unglücklicherweise sind diese Denkmäler fast alle verloren gegangen, und es gibt auch keinen genügenden Ersatz zur Ausfüllung dieser Lücke; denn dem sogenannten Sanchuniathon können wir unmöglich etwas entnehmen, das unsere Zwecke förderte. Nur im allgemeinen können wir uns vorstellen, daß ein Volk, das, wie die Phönizier, an die Schiffahrt nach weiten Fernen gewöhnt war, in höherm Maße als alle andern Völker jener Zeit ausgedehnte und genaue Kenntnisse in Geographie, Astronomie, Meteorologie und Nautik besitzen mußte; wie beschaffen sie waren, können wir nicht mehr erforschen. Jedoch werden uns die phönizischen Inschriften dazu dienen, den ältesten hebräischen Kalender, der bis zur Zeit Salomos in Gebrauch war, zu beschreiben.

Etwas weniger ungünstig stellt sich die Sache in bezug auf die Babylonier dar, von deren Literatur die Keilinschriften uns Kunde geben. Im Laufe dieses Buches wird man hin und wieder Gelegenheit haben, nützliche und interessante Vergleiche zwischen den kosmographischen Vorstellungen der Hebräer und denen der Babylonier anzustellen. Jedoch nicht so zahlreiche, wie mancher vielleicht erwarten könnte. Trotz der großen Analogie zwischen den beiden Sprachen, die auf einen gemeinsamen Ursprung hinweist, haben die so verschiedenen geschichtlichen Ereignisse die Wirkung auf die beiden Völker hervorgebracht, daß die Analogien an Menge und Wichtigkeit von den Unterschieden weit übertroffen worden sind. Indem ich in den Grenzen unsers Gegenstandes bleibe, wird es genügen, auf die bezeichnende Tatsache hinzuweisen, daß von fünf oder von sechs Namen von Sternbildern, die im Alten Testament vorkommen, keiner[1] bis jetzt in den vielen Namen von Sternbildern wiedererkannt worden ist, die sich in den Keilinschriften finden. Und dies darf uns nicht Wunder nehmen. Die Hebräer bewahrten, auch nachdem sie sich die Völker Kanaans unterworfen und sich mit ihnen vermischt hatten, in vielen Beziehungen die Überlieferungen der Zeit, in der sie im Zustand von Nomadenstämmen durch die Wüsten des Sinai und Arabiens geirrt waren. Die Babylonier, Erben der alten

---

[[1] Oder vielleicht nur einer, *Kestl*, s. § 44.]

sumerischen Kultur, nahmen deren hauptsächliche Merkmale an und wiesen ihrer Entwickelung ganz verschiedene Bahnen.

Übrigens ist es möglich, daß sich in den jüdischen Schriften der hellenistischen und der talmudischen Zeit manche kosmologische Vorstellungen verbergen, die aus der babylonischen Wissenschaft stammen. Dies ist vielleicht der Fall mit der eigentümlichen Kosmographie des pseudepigraphen Buches Henoch, die bemerkenswerte Analogien zu derjenigen bietet, die man in den heiligen Büchern des Mazdäismus dargelegt findet.[1] Diese Analogien bilden für sich ein des Studiums wertes Problem und sind wahrscheinlich darauf zurückzuführen, daß Juden und Mazdäisten jene Lehren aus einer gemeinsamen Quelle geschöpft haben; und diese könnte keine andere als die babylonische Wissenschaft auf ihrer letzten Entwickelungsstufe sein. Das Problem überschreitet die dieser Schrift gesteckten Grenzen; wir beabsichtigen, in ihr nur die Epochen des reinen, vom Hellenismus und von den orientalischen Lehren nicht modifizierten Judentums zu betrachten, wie es sich bis zur Zeit der ersten Seleuciden (300 v. Chr.) erhielt.

---

[1] Nicht eigentlich in den erhaltenen Teilen des Avesta, sondern im Traktat *Bundehesch*, dessen Stoff nach begründeter Annahme den heute verlorenen Büchern des Avesta entnommen ist, besonders dem *Dâmdâd Nask* und dem *Nâdar Nask*, dem vierten und fünften der 21 Bücher, aus denen ursprünglich der Avesta bestand. — [Vgl. Wilhelm Bousset, Die Religion des Judentums im neutestamentlichen Zeitalter, Berlin 1903.]

Zweites Kapitel

Das Firmament, die Erde, die Abgründe

Allgemeine Anordnung der Welt — Die Erdscheibe — Die Grenzen der den Hebräern bekannten Gegenden — Die Angeln der Erde — Der Abgrund und die *Scheôl* — Das Firmament — Die obern und untern Wasser — Die Theorie von den unterirdischen Wassern und den Quellen, vom Regen, Schnee und Hagel: die Wolken — Allgemeine Idee der hebräischen Kosmographie.

14. Von der Gestalt und der allgemeinen Anordnung der sichtbaren Welt hatten die Hebräer ungefähr dieselben Vorstellungen, die wir zu Anfang fast bei allen Völkern finden, und die zu jeder Zeit der Mehrzahl der Menschen auch bei den Völkern, die sich als kultiviert ausgeben, genügt haben: die Kosmographie des Scheins.

Eine nahezu ebene Fläche, die das Festland und die Meere umfaßt, bildet die zur Wohnung der Menschen bestimmte Erde. Sie teilt das Weltall in zwei Teile, einen obern und einen untern. Über ihr der Himmel, auf hebräisch *schamajim*, das ist die hohen Dinge[1], mit dem Schein eines großen Gewölbes, das sich ringsherum auf die äußersten Enden der Erde stützt. Der Himmel umfaßt den ganzen obern Teil der Welt; er ist das Reich des Lichtes und der Lufterscheinungen, und in seinem höchsten Teile kreisen die Gestirne. Unter der Fläche der Erde befinden sich die eigentliche Masse der Erde und die Tiefen des Meeres, die zusammen den untern dunkeln und unbekannten Teil der Welt bilden; im Gegensatz zum Himmel wird er mit dem Namen *tehôm* (oder in der Mehrzahl *tehômôth*) bezeichnet, der hier die Bedeutung Tiefe hat und von den griechischen und lateinischen Übersetzern der Bibel

---

[1] Von der hebräischen Wurzel *schamah*, die *altus fuit* und auch *apparens, conspicuus fuit* bedeutet. Gesen. *Thes.* 1433: *nomen habet coelum ab elatione et altitudine.*

durch das Wort ἄβυσσος, abyssus = Abgrund wiedergegeben worden ist.[1]

Die weite Ebene der Erde, die teils vom Meere, teils von dem mit Bergen übersäten und von Strömen durchfurchten Festlande eingenommen wird, ist gleich dem Himmel, der sie bedeckt, von kreisförmiger Gestalt; sie ist vom Wasser umgeben, das sich bis dahin ausdehnt, wo der Himmel beginnt.[2] So lesen wir im Buche Hiob (26, 10), daß Gott *„'einen Kreis abgegrenzt hat'*[3] *auf der Wasserfläche, bis wo Licht und Finsternis zusammenstoßen;* das ist bis dahin, wo der erleuchtete Teil der Welt (Erde, Meer und Himmel) an den dunkeln Teil (Abgründe und Tiefen des Meeres) grenzt. Ähnlich wird in den Sprüchen (8, 27) von der Zeit gesprochen, zu der Gott *„den Kreis über der Oberfläche des Meeres abgegrenzt hat."* Dieser Kreis kann nichts anderes sein als die sichtbare Grenze, wo sich ringsherum der Himmel und das Meer, das von allen Seiten das Festland umfließt, berühren. Auf diesen Kreis wird wahrscheinlich auch in Hiob (22, 14) angespielt, wo von Gott gesagt wird, *„er wandelt den Kreis des Himmels ab"*[4]; das heißt den sphärischen Raum, der von dem Himmel und Erde scheidenden Kreise begrenzt wird. Der Abstand zwischen Himmel und Erde und die Ausdehnung der Erde selbst sind ungeheuer und derart, daß kein Mensch sie messen kann. „Wer hat die Maße der

---

[1]) Nach Gesenius ist *tehôm* von der Wurzel *hûm* abzuleiten, die die Bedeutung aufgeregt, heftig bewegt sein, lärmen hat; deshalb wäre dieser Name dem Meere und auch jeder beliebigen bewegten Wassermasse beigelegt worden. Und in der Tat gebrauchen die biblischen Schriftsteller *tehôm* häufig im ersten Sinn. Das entspricht gut der Analogie mit dem assyrischen *tiâmtu*, Meer: s. Zimmern KAT 492 f. [der sich aber für Ableitung von *taham* stinken erklärt]. Daß die Hebräer jedoch mit dem Worte *tehôm* immer die Vorstellung der Tiefe verbanden, auch wenn es sich ums Meer handelte, wird durch die hierin sehr glaubwürdige Übersetzung der LXX bewiesen; diese haben beständig jenes Wort als gleichbedeutend mit ἄβυσσος angesehen, was große Tiefe oder vielmehr eigentlich *ohne Grund* bezeichnet. [Nur an drei Stellen wird durch ἄβυσσος ein anderes hebräisches Wort wiedergegeben: Jes. 44, 27; Hiob 36, 16; 41, 22.] Durch abyssus der Vulgata kam dies Wort im Italienischen in allgemeinen Gebrauch. Die Stellen der Bibel, wo mit *tehôm* die niedriger gelegenen oder tiefern Teile des Weltalls bezeichnet werden, sollen später behandelt werden.

[²]) Vergleiche den antiken Ozean.]

[³]) So Hoffmann nach Spr. 8, 27; Budde, Duhm.]

[⁴]) So Budde, Duhm. Andere Ausleger fassen *chûg* Kreis als Himmelsgewölbe.]

Erde bestimmt", fragt Gott Hiob (38, 5) „oder wer hat über sie die Meßschnur gespannt?" Und an einer andern Stelle (38, 18): „Hast du der Erde Breiten überschaut? Sag an, wenn du das alles weißt!" So absurd schien die Vorstellung, den Himmel und die Erde messen zu können, daß Jeremia, um etwas Unmögliches zu bezeichnen, den Herrn sagen läßt (31, 37): „So wenig der Himmel droben ausgemessen oder die Grundfesten der Erde drunten erforscht werden können, so wenig werde ich die gesamte Nachkommenschaft Israels verwerfen." Die große Höhe der Himmel und die kreisförmige Gestalt der Erde werden auch in Jesaja (40, 22) angedeutet, wo es heißt: „Er (der Herr) thront über dem Erdenrund, daß ihre Bewohner Heuschrecken gleichen."[1] Im Mittelpunkte des Erdkreises liegt Palästina, und zwar genau Jerusalem. „So spricht der Herr Jahwe: Dies ist Jerusalem, die ich mitten unter die Völker gestellt habe, und rings um sie her Länder."[2]

---

[1]) Das an diesen Stellen gebrauchte Wort *chûg* bedeutet genau Kreis; von derselben Wurzel ist *mechûgah*, Zirkel, bei Jesaja 44, 13 abgeleitet. — Der Ausdruck *orbis terrarum*, der oft in der Vulgata gebraucht wird, muß (wie immer bei den lateinischen Schriftstellern) so verstanden werden, daß er die Gesamtheit der bekannten Länder bezeichnet, ohne daß die Vorstellung eines Kreises mit ihm verbunden wäre. Ähnlich muß man das Wort *Erdkreis* in diesem Sinne verstehen, desgleichen das andere geradezu abgeschmackte *Erdball*, das deutsche Übersetzer in der Bibel dort eingeführt haben, wo man nach dem Buchstaben des Textes einfach *Erde* hätte schreiben müssen. Aus einer Stelle in Jesaja (11, 12) und einer andern in Ezechiel (7, 2), wo von den vier *kanephôth* der Erde gesprochen wird, hat man schließen wollen, daß die Hebräer sich ihre Gestalt als quadratisch dachten: doch ich glaube, ohne hinlänglichen Grund. Die Parallelstellen in Jesaja (24, 16) und Hiob (37, 3 und 38, 13) zeigen, daß es sich hier um die Grenzen oder äußersten Säume der Erdscheibe handelt, die hauptsächlich nach den vier durch die vier Himmelswinde bezeichneten Hauptrichtungen aufgefaßt wurden (s. weiter unten § 22). Hiermit läßt sich sehr gut die kreisförmige Gestalt der Erde vereinigen, die auch allein zu der augenscheinlich kreisförmigen Gestalt des Himmels paßt. — Die vier Säume der Erde erinnern an den Titel König der vier Weltgegenden (*šar kibrāt irbitti*), den viele Könige von Babel und Assur führen, und der eine ganz ähnliche Vorstellung enthält. [Vgl. Jensen, Die Kosmologie der Babylonier (Straßburg 1890) 167 ff.]

[2]) Ezech. 5, 5. In der Vulgata und in den LXX wird mehrmals *der Nabel der Erde* (Richt. 9, 37 und Ezech. 38, 12) genannt. Die neuern Ausleger übersetzen dagegen *hoch liegende Orte, Höhen der Erde*. Der Unterschied rührt daher, daß eine gewisse Verbindung hebräischer Konsonanten *tibbûr* (Nabel) und *tabbûr* (hoch liegender Ort, *fastigium*) gelesen werden kann. Es ist daher nicht erlaubt, diese Texte als Zeugnisse für

15. Auf der eben beschriebenen Ebene sind um den Mittelpunkt herum die Völker der Erde und die Nachkommen Noahs nach dem Geschlechtsregister im 10. Kapitel der Genesis[1] verteilt. Sie nehmen rings um den Mittelpunkt einen Raum ein, dessen Grenzen für die vorexilischen Hebräer 30 Grade (ungefähr 3000 Kilometer) sowohl in der Richtung des Meridians als in der zum Meridian senkrechten Richtung nicht überschritten. Die letzten noch irgendwie bekannten Länder waren: im Osten Persien und Susiana *(Paras* und *Elam)* mit Medien *(Madai)*[2]; im Norden Kaukasien, Armenien und die Gegenden von Kleinasien längs des Schwarzen Meeres *(Magog, Togarma, Ararat, Gomer)*.[3] Im Westen die südlichen Ränder von Griechenland, der Archipel und Jonien *(Elisa, Jawan)*, Kreta *(Kaphtor?)* und die Völker Libyens westlich von Ägypten *(Lubim)*; im Süden schlossen den Kreis Äthiopien *(Kusch, Put?)*, Jemen *(Saba)*, Hadramaut *(Hazarmaweth)* und die östlichen Teile von Arabien *(Ophir*[4], *Regma)*. Von den südlichen Enden Europas hatten sie nur einen sehr verworrenen allgemeinen Begriff *(Inseln der Heiden)*, ohne Zweifel durch Vermittlung der Phönizier, durch die sie auch von den Wundern von *Tarschisch*[5] gehört haben werden.

---

die hebräische Kosmographie zu verwerten. — Die Vorstellung von der zentralen Lage Jerusalems wurde auch von einigen christlichen Schriftstellern der ersten Jahrhunderte und des Mittelalters angenommen; sie bildet, wie bekannt, einen der grundlegenden Punkte der Geographie Dantes. [Vgl. Jubil. 8, 19; Henoch 26, 1.]

[1] Über die Völkertafel vgl. Gesenius-Buhl, Gunkel, Hommel, Aufsätze und Abhandlungen 3, 1 (München 1901), 314 ff.]

[2] Einige haben die Ansicht vertreten, daß das Land der *Sinim* in Jesaja (49, 12) nichts Geringeres als China bedeute. Die Annahme ist mehr merkwürdig als wahrscheinlich. Sicher war China den LXX, die ἐκ γῆς Περσῶν übersetzten, unbekannt. Geradezu abgeschmackt ist die Meinung derjenigen, die in *Ros, Mesech* und *Tubal* (Ezech. 38, 1 und 3) die Namen Rußland, Moskau und Tobolsk haben sehen wollen. Dagegen ist ziemlich wahrscheinlich, daß *Hodu* in Esth. 1, 1 und 8, 9 wirklich Indien bezeichnet.

[3] Nach Ezechiel (38, 6) ist Togarma das nördlichste bewohnte Land der Erde.

[4] Carl Peters, Im Goldland des Altertums (München 1902) sucht Ophir in Südafrika am Zambesi.]

[5] Es war dies ein sehr reiches Land, das nach dem äußersten Westen in weite und dunkle Ferne verlegt wurde. Welcher Gegend es entsprach, ist nicht ganz sicher; nach einer wahrscheinlichen Vermutung, die durch die Autorität der LXX gestützt wird, handelt es sich um Carthago.

2. Kapitel. Das Firmament, die Erde, die Abgründe.

Die Hebräer kannten außer dem Mittelländischen Meer (das sie *jam ha-gadôl*, das ist das große Meer, oder *jam ha-acharôn*, das ist das westliche Meer, nannten) auch das Rote Meer (*jam sûph*, Schilfmeer, oder *jam Miçrajim*, Meer von Ägypten) und das Tote Meer (*jam ha-melach*, Salzmeer, oder *jam ha-ʿarabah*, Meer der Steppe [auch *jam ha-qadmônî*, das östliche Meer]. Es ist möglich, daß sie auch vor dem Exil irgend eine Kunde vom Persischen Golf und vom Schwarzen Meer hatten; doch in den Büchern des Alten Testaments werden sie nicht erwähnt. Eine Stelle der Genesis[1] könnte zu dem Glauben verleiten, daß sie sich gedacht hätten, alle Meere ständen untereinander in Verbindung. Doch für das Tote Meer konnte die Verbindung in diesem Falle nur unterirdisch sein.

Außer dem von den Nachkommen Noahs bewohnten Teil gab es noch andere mehr von der Phantasie geschaffene als bekannte Räume, die sich bis zum großen Meer der Peripherie ausdehnten, das, wie man annahm, die Säulen des Himmels, das ist die Basis des großen Gewölbes, umspülte.[2] Die Genesis und verschiedene Propheten[3] sprechen von dem *Garten Gottes* in der Eden genannten Gegend, dem ersten Sitze Adams und Evas. Es scheint, daß sie sich diesen Ort in den östlichen Teilen der Erde dachten; und diese Annahme erhielt sich bis auf Christoph Columbus in den christlichen Überlieferungen. Noch weiter östlich von Eden versetzte man das Land *Nod* (LXX: Naíδ), die Wohnstätte Kains und seiner Nachkommen (Gen. 4, 16).

16. Die von den Ländern und den Meeren gebildete Ebene wurde als endlich und innerhalb bestimmter Grenzen beschlossen angesehen, die sehr häufig erwähnt werden.[4] Die Erde ist fest an ihrem Orte gegründet: sehr oft wird auf ihre Grundfesten

---

[1]) Gen. 1, 9: „Es sammle sich das Wasser unterhalb des Himmels an einem Ort, sodaß das Trockene sichtbar wird."

[2]) Grundfesten und Säulen des Himmels 2. Sam. 22, 8; Hiob 26, 11.

[3]) Gen. 2, 8 und 4, 16; Ezech. 31, 8, 9, 16, 18 und 36, 35; Jes. 51, 3; Joel 2, 3. [Hommel, Aufsätze und Abhandlungen 3, 1 335 f. setzt Eden nach Nordostarabien].

[4]) Deut. 28, 64; Hiob 28, 24; 37, 3; Jer. 10, 13; Ps. 2, 8; 72, 8 und viele andere Stellen weisen auf die Grenzen der Erde hin. Auf die Grenzen des Meeres wird angespielt in Hiob 26, 10; 38, 8—11; Spr. 8, 29; Jer. 5, 22.

angespielt, auf ihre Ecksteine[1], nach einem den Bauten der Menschen entnommenen Gleichnis. Man darf freilich diese Angeln nicht als Stützpunkte auf einer Basis verstehen: denn worauf würde sich dann diese Basis stützen? Die Angeln sind einfach vom göttlichen Willen unwiderruflich festgesetzte Punkte, von denen sich die Erde in keiner Richtung entfernen kann; ausgenommen wenn Jahwe selbst sie erschüttert, was sich im Erdbeben[2] kund tut.

Die Erde, auf den Angeln befestigt, hat also keine Basis noch Stütze nötig, die außerhalb ihrer läge: so allein kann man verstehen, wie in Psalm 136 gesagt ist, daß die Erde auf den Wassern ausgebreitet ist, und wie Hiob versichern kann (26, 7), die Erde schwebe über dem Nichts. Dies sind einfache Angaben der relativen Lage. Die obere Schicht der Erde befindet sich, wie wir sehen werden, über den untern Wassern; die ganze Masse der Erde aber mit Einschluß besagter Wasser ist im Raume aufgehängt und stützt sich also auf nichts.

17. Die Erdmasse, die auf ihrem obern Teile das Festland und die Meere trägt, erstreckt sich in die Tiefe bis zu den untersten Teilen der Welt; dieser Ausdehnung gaben die Hebräer, wie schon gesagt, den Namen *tehôm*, der Tiefe in sich schließt und von uns passend mit dem Worte Abgrund wiedergegeben wird. „Deine Gerichte sind *ein großer Abgrund*"[3] sagt der Verfasser von Psalm 36 zum Herrn, um eine unerforschliche Tiefe zu bezeichnen. „Du wirst uns aus den *Abgründen*[4] der Erde wieder emporziehen", das heißt aus dem tiefsten Elend erretten, sagt der Verfasser von Psalm 71 zum Herrn. Als Teil des Weltalls ist der Abgrund in Psalm 135 aufgezählt: „Alles, was ihm beliebte, hat Jahwe getan, im Himmel und auf Erden, im Meer und in allen *Abgründen*" [Kautzsch: Tiefen]. Hier beginnt die Aufzählung mit dem höchsten Orte, dem Himmel, und steigt allmählich zum tiefsten herab.[5]

---

[1]) Von vielen Stellen führen wir die folgenden an: 1. Sam. 2, 8; 2. Sam. 22, 16; Hiob 9, 6; 1. Chron. 16, 30; Hiob 38, 4 und 6; Ps. 18, 16; 75, 4; 93, 1; 96, 10; 104, 5; Jer. 31, 37; Spr. 8, 29.

[2]) Das Erdbeben wird erwähnt 1. Kön. 19, 11—12; Hiob 9, 6; Jes. 29, 6; Ezech. 38, 19; Amos 1, 1; Sach. 14, 5 und an andern Stellen.

[[3]) Kautzsch: wie die große Flut.]

[[4]) Tehômôth ist hier unsicher; Kautzsch entscheidet sich nach de Lagarde für û-mit-tachtijjôth, wie Ps. 63, 10; Jes. 44, 23.]

[5]) Manchmal sind die Abgründe mit dem Meeresgrunde verbunden, Hiob 38, 16; oder stehen einfach als Tiefen der Erde in Gegensatz zu der Höhe des Himmels, Ps. 107, 26.

2. Kapitel. Das Firmament, die Erde, die Abgründe.

Aber häufiger ist der Abgrund mit der Vorstellung von den unterirdischen Wassern verbunden. „Er sammelt die Gewässer des Meeres wie in einem 'Schlauch', legt die *Abgründe* [Kautzsch: Fluten] in Vorratskammern" (Ps. 33, 7); hier stellen sich die Abgründe als ungeheure Wassermassen dar. Von ihnen leiten die *Quellen des Meeres*[1] oder die *Quellen des großen Abgrundes*[2] ihren Ursprung ab, die eine unterirdische mit Wasser gefüllte und alle andern an Größe übertreffende Höhle bilden, aus der die Wasser der Sintflut hervorbrachen. Von dieser Masse des Abgrundwassers stammen auch die Quellen und Wasser der Flüsse, die an mehreren Stellen als der größte Segen einer Landschaft hervorgehoben werden.[3] Einen malerischen Ausdruck findet diese Tatsache in Psalm 18: „Da wurden sichtbar *die Quellen der Wasser*[4] und bloßgelegt die Grundfesten des Erdkreises." Auch die Sprüche (8, 24) setzen die Abgründe in Beziehung zu den Quellen, wenn es heißt, die Weisheit sei schon geboren gewesen, „als die *Abgründe* [Kautzsch: Urfluten] noch nicht waren, als es noch keine Quellen gab, reich an Wasser". Die Analogie dieser Wasser des Abgrunds mit dem unterirdischen Ozean der Babylonier *(Apsû)* ist deutlich.

18. Die Hebräer dachten sich also eine ungeheure Masse unterirdischer Wasser, die zusammen mit den Wassern der Meere und der Seen das System der *untern Wasser* bildeten; sie hießen so zum Unterschiede von den *obern Wassern*, die man über dem Firmament annahm, wie man sogleich sehen wird. Diese unterirdischen Wasser drangen teils durch Gänge und Höhlen bis zur trockenen Oberfläche der Erde empor, indem sie die Quellen und die Flüsse hervorbrachten; teils strömten sie in die Tiefen der Meere und der Seen ein, indem sie deren Spiegel durch auf dem Grunde vorhandene Öffnungen und Kanäle auf demselben Niveau erhielten. So verstehen wir die Ausdrücke *Quellen des Meeres* und *Quellen des großen Abgrunds*. Diese Anordnung, die aus den Wassern der Oberfläche und den unterirdischen eine einzige Masse machte, erlaubte den Hebräern, die Tatsache zu erklären, daß das Meer durch das beständige Zuströmen der Flüsse doch nicht über die Ufer tritt, und daß die Quellen dauernd fließen; denn für den Kreis-

---

[1] Hiob 38, 16. — [2] Gen. 7, 11 und 8, 2.
[3] Vgl. den Segen Jakobs Gen. 49, 25; den des Moses Deut. 33, 13; die Beschreibung des gelobten Landes Deut. 8, 7; des Landes Assur Ezech. 31, 4.
[4] Kautzsch: die Betten des 'Meeres'.]

lauf der Wasser von den Quellen zum Meere und vom Meere zu den Quellen lieferte sie so einen einfachen und für jene Zeit scharfsinnigen Grund.[1] Bei allen biblischen Schriftstellern scheint die Entstehung der Quellen durch Verdichtung der atmosphärischen Wasser unbekannt zu sein. Die Tatsache, daß die untern Wasser aus den unterirdischen Tiefen an die Oberfläche emporsteigen, indem sie die natürliche Schwerkraft überwinden, wurde als eine Wirkung der Allmacht Gottes angesehen, der „die Wasser des Meeres herbeiruft und über die Erdfläche hin sich ergießen läßt".[2]

19. Der Abgrund ist nicht unendlich, wie auch der Himmel nicht unendlich ist. Er umfaßt den untern Teil der Welt; wie Himmel, Erde und Meer hat er seine Grenzen.[3] Seine Tiefe gehört zu derselben Klasse ungeheurer Größe, wie die Höhe

---

[1] Dies Problem wird in deutlichen Worten vom Prediger 1, 7 gestellt: „Alle Flüsse gehen ins Meer, aber das Meer wird nicht voll: an den Ort, *von dem sie ausgegangen sind, kehrt ihr Lauf zurück*" [Kautzsch: wohin die Flüsse gehen, dahin gehen sie immer wieder]. Antonio Stoppani nimmt in seinem Buche *Cosmogonia Mosaica* (Milano, Cogliati 1887) 312—313 diese Stelle zum Anlaß, um zu behaupten, daß die Hebräer (Stoppani sagt Salomo, da er ihn für den Verfasser des Predigers hält) den atmosphärischen Kreislauf der Wasser kannten, wie er heute in allen Büchern der Meteorologie und der Erdphysik gelehrt wird. Bei aller Achtung, die man jenem gelehrten und fruchtbaren Schriftsteller schuldig ist, muß ich doch sagen, daß ich die Notwendigkeit eines solchen Schlusses nicht einsehe. Der Prediger weist einfach auf die Tatsache hin, daß das Meer durch das Zuströmen der Flüsse nicht wächst; daraus schließt er, daß das Wasser der Flüsse vom Meere zu den Quellen zurückkehren muß. Aber nicht im geringsten gibt er an, ob diese Rückkehr sich auf atmosphärischem oder unterirdischem Wege vollziehe. Daß die biblischen Schriftsteller diese letztere Annahme im Sinne hatten, ergibt sich aus dem Ganzen ihrer kosmologischen Ideen, bei deren Darlegung wir stehen. Übrigens meinten noch Albertus Magnus und der hl. Thomas, daß alle oder wenigstens die Hauptströme ihren Ursprung unmittelbar vom Meere nähmen, von dem sie sich dann einen Weg unter der Erde durch deren Gänge hindurch bahnten: s. darüber das angeführte Buch von Stoppani, 347.

[2] Amos 5, 8.

[3] Dies geht aus der Tatsache hervor, daß in den Büchern des Alten Testaments Anspielungen auf den Kreislauf der Sonne, des Mondes, der Sterne vorkommen: ein Kreislauf, der bei der Annahme, die Erde verlängere sich hinab bis ins Unendliche, unmöglich wäre. Xenophanes, der unter den Griechen diese Verlängerung billigte, war gezwungen anzunehmen, die Gestirne seien leuchtende Körper, die sich jedesmal beim Aufgang entzündeten und beim Untergang verlöschten. Dagegen werden in der Bibel die Sonne und alle Gestirne als stets mit sich selbst identische Körper von ununterbrochenem Sein angesehen.

des Himmels und die Breite der Erde; und kann von den Menschen nicht gemessen werden.[1]

Im tiefsten Teile der Abgründe befindet sich die *Scheôl*, der Ort, an dem die Dahingeschiedenen im Zustande von *Rephaîm*, das ist Schatten, wohnen.[2] Es ist dies der von allen am niedrigsten gelegene Ort[3]; er wird im Buche Hiob (10, 21—22) als das Land beschrieben, in dem der Schatten des Todes herrscht, in dem die Finsternis kaum von einem schwachen Dämmerungsschein durchbrochen wird, in dem keine Ordnung herrscht, und aus dem man niemals zurückkehrt: kurz als etwas, das dem *Hades* der Griechen, dem *Orcus* der Lateiner und dem *Aralû* der Babylonier sehr analog ist. Kein hebräischer Dante hat die Beschreibung dieses Ortes geliefert; jedoch wird schon bei Jesaja und Ezechiel[4] in der Scheôl ein tieferer Teil unterschieden, der mit dem Namen *Grube* oder *tiefstes Land* bezeichnet wird; dorthin steigen die Unbeschnittenen hinab und diejenigen, die Schrecken in der Welt der Lebenden verbreiteten und durchs Schwert fielen. Im Laufe der Zeit wurde diese Unterscheidung immer bestimmter; der obere für die Gerechten bestimmte Teil der Scheôl wurde *Schoß Abrahams* genannt, und der tiefste Teil wurde die *gehenna*, wo die Sünder in den Flammen gepeinigt wurden.[5]

20. Auf der Peripherie des großen Kreises, der von den Ländern und den Meeren eingenommen wird, erhebt sich das System der Himmel, das Reich des Lichtes, während der Abgrund das Reich der Finsternis ist; und zwar als erster von unten nach oben der Himmel, der den besonderen Namen *raqîa'* trägt. Die LXX haben ihn durch $\sigma\tau\varepsilon\rho\acute{\varepsilon}\omega\mu\alpha$ wiedergegeben,

---

[1] Jesus Sirach 1, 3 in den LXX und 1, 2 in der Vulgata.
[2] Ps. 88, 11; Spr. 2, 18; Jes. 26, 14.
[3] Deut. 32, 22; Hiob 11, 8.
[4] Jes. 14, 15; Ezech. 26, 19—20; 31, 14—18; 32, 18—32. Das Wort *Grube (bôr)* dient oft in der Bibel dazu, den Ort des Begräbnisses, bisweilen auch die ganze Scheôl, zu bezeichnen. Darum gebrauchen die Ausleger diese Bedeutungen auch bei Übersetzung der angeführten Stellen aus Ezechiel. Doch bei aufmerksamem Zusehen wird man erkennen, daß es sich um einen Ort handelt, der besonders für die Unbeschnittenen und die blutdürstigen Menschen bestimmt ist.
[5] Luc. 16, 22—28 im Gleichnis vom reichen Mann und dem armen Lazarus. Hier wird der große Sprung angedeutet, den man machen muß, um vom Schoße Abrahams in die Gehenna hinabzusteigen, V. 26. [Ein *altchristlicher* Dante begegnet uns in der Petrus-Apokalypse.]

und die Vulgata durch *firmamentum*, wodurch sich auch bei uns das Wort *Firmament* eingebürgert hat.[1]

Manchmal heißt es auch *reqîaʿ ha-schamajim*, das Firmament des Himmels.[2] Es ist ein festes Gewölbe (Amos 9, 6), das bei Hiob (37, 18) mit einem metallenen Spiegel verglichen wird; ein durchsichtiges Gewölbe, das das Licht der über ihm schwebenden Gestirne hindurchläßt; dessen Hauptaufgabe es ist, die *obern Wasser* zu stützen und sie hoch über der Erde hangend und getrennt von den *untern Wassern* des Festlandes, der Meere und der Abgründe zu halten, wie schon im Anfang der Genesis (1, 7) erzählt wird. Darum werden in Psalm 148 „die Wasser, die über dem Himmel sind", aufgefordert, Gott zu loben.[3]

21. Durch Gitter oder Schleusen *(arubbôth)*, die von Jahwes Hand reguliert werden[4], werden die obern Wasser in Gestalt von Regen über die Erde verteilt, nicht ohne zeitliche und örtliche Norm.[5] Bekannt ist die Beschreibung der Sintflut, bei der sich zur Überschwemmung der Erde außer den *Quellen des großen Abgrunds* auch die *Schleusen des Himmels* öffneten.[6]

---

[1]) Die ursprüngliche Bedeutung des Wortes *raqîaʿ* ist nicht ganz klar. Gesenius (*Thes.* 1312) gibt es durch *expansum, idque firmum* wieder, indem er es von der Wurzel *raqaʿ* (percussit, tutudit, tundendo expandit) ableitet. Besser scheint ein analoges Wort der syrischen Sprache zu passen, das *firmavit, stabilivit* bedeutet, und an diesen Sinn haben sich gewiß die LXX und die Vulgata gehalten. [Winckler AO 29: feststampfen, Metall festhämmern]. Bei Ezechiel wird das Wort *raqîaʿ* angewandt, um einen hoch oben angebrachten *Söller* zu bezeichnen: Ezech. 1, 22—26 und 10, 1. [Vergl. ʿalijjôth Ps. 104, 3, 13.] Siehe die schöne und gelehrte Erörterung bei A. Stoppani in seiner *Cosmogonia Mosaica* 267—281, wo die Bedeutung des Wortes *Firmament* gegenüber der Erklärung *Ausdehnung*, für die sich verschiedene moderne Exegeten entscheiden, gut dargelegt zu sein scheint.

[2]) Gen. 1, 14, 15, 17, 20. Einfach raqîaʿ in Gen. 1, 6, 7, 8; Ps. 19, 2; Dan. 12, 3. Sirach 43, 8 hat στερέωμα.

[3]) Wiederholt im Gesang der drei Männer im feurigen Ofen, in der Vulgata Dan. 3, 60. — Nach Jensen (*Kosmologie der Babylonier* 254) kommt dieser Begriff der obern Wasser auch in der babylonischen Kosmologie vor.

[4]) Gen. 7, 11 und 8, 2; 2. Kön. 7, 19; Jes. 24, 18; Mal. 3, 10. [Gleichbedeutend Ps. 78, 23: „Er öffnete die Türen des Himmels" (dalthê ha-schamajim).]

[5]) Jer. 5, 24; Hiob 28, 26; Deut. 28, 12; Levit. 26, 4. Zwei jährliche Regen werden im Alten Testament unterschieden: der erste oder Herbstregen (Oktober—Dezember) und der Spät- oder Frühlingsregen (März—April). S. Deut. 11, 14; Jer. 5, 24; Hos. 6, 3; Joel 2, 23; Sach. 10, 1. Die Herbstregen hatten den Namen *jôreh*, die Frühjahrsregen hießen *malqôsch*.

[6]) Gen. 7, 11 und 8, 2.

2. Kapitel. Das Firmament, die Erde, die Abgründe.

Diese merkwürdige Vorstellung, die augenscheinlich von dem Verlangen erzeugt ist, die Erscheinung des Regens zu erklären, findet sich in der Genesis, in den Büchern der Könige, den Psalmen und den Propheten wiederholt, und es scheint unmöglich, sie in übertragenem Sinne zu verstehen und unsern Begriffen anzupassen [1]; sie steht in der Tat in engster Verbindung mit dem andern Begriff der obern Wasser. In Anbetracht der rundlichen und konvexen Gestalt des Firmaments würden die obern Wasser nicht dort oben bleiben können, wenn eine zweite Wand sie nicht seitlich und von oben umschlösse. Deshalb schließt ein zweites Gewölbe über dem des Firmaments mit diesem einen Raum ein, in dem sich die Vorratskammern (*ôçarôth, θησαυροί, thesauri*) des Regens, des Hagels und des Schnees befinden.[2] Diese sind bald Diener der Güte, bald des Zornes des Allmächtigen [3] und werden von seiner Hand gefüllt erhalten, während das heruntergefallene Wasser *nicht mehr nach oben zurückkehrt, sondern sich in Samen und Früchte verwandelt* zum Gebrauch der Tiere und Menschen.[4] In der untern Zone besagten Raumes, auf gleichem Niveau mit den Ländern und Meeren und rings um sie herum, befinden sich die *Vorratskammern der Winde*[5], die sich bald hier, bald dort nach allen Richtungen des Horizontes öffnen und die Luftströmungen hervorrufen.

22. Die alten Hebräer pflegten auf ihrem Horizont nicht mehr als vier Richtungen zu bezeichnen und unterschieden niemals mehr als vier Winde. Auf die *vier Winde des Himmels* wird an vielen Stellen des Alten Testaments angespielt [6], sodaß der Ausdruck auch bei uns in Gebrauch kam. Die vier Richtungen entsprachen, wie man wohl erwarten kann, unsern Hauptpunkten. Für jede von ihnen gebrauchten die hebräischen Schriftsteller drei verschiedene Namensysteme, von denen jedes auf ein besonderes Prinzip gegründet war.

Im ersten System wurde angenommen, daß der Beobachter sich mit dem Gesicht nach Osten wendet, und die Richtungen wurden in bezug auf ihn bestimmt, vorne und hinten, rechts und links; daher die folgenden Benennungen:

---

[1]) Wie Gesenius möchte, *Thes.* 1312.
[2]) Hiob 38, 22. — [3]) Hiob 37, 6, 11; 38, 22—23; 25—27.
[4]) Jes. 55, 10. Diese Stelle schließt die Vorstellung von einem atmosphärischen Kreislauf der Wasser völlig aus, s. oben S. 25 Anm. 1.
[5]) Jer. 10, 13 und 51, 16; Ps. 135, 7.
[6]) Jer. 49, 36; Ezech. 37, 9; Sach. 2, 10; 6, 5; Dan. 8, 8.

O: *qedem*, das Vordere.
W: *achôr* oder *acharôn*, das Hintere.
N: *semôl*, die Linke, das ist was zur Linken liegt.
S: *jamîn* oder *têman*, die Rechte, das ist was zur Rechten liegt.[1]

Diese Methode, die Gegenden des Horizontes zu unterscheiden, wurde auch von den Indern[2] und zum Teil noch von den Arabern gebraucht. Von diesem Gebrauche, der den Osten zur Hauptrichtung macht, ist in unsern abendländischen Sprachen das Wort *sich orientieren* abgeleitet.

Ein zweites System von Benennungen ist von dem Schein abgeleitet, der mit der täglichen Bewegung der Sonne verbunden ist:

O: *mizrach*, Aufgang (der Sonne), Osten.
W: *mebô ha-schemesch*, Sonnenuntergang, Westen.
N: *çaphôn*, dunkle, finstere Gegend.
S: *darôm*, helle, erleuchtete Gegend.

Ein drittes System, das man topographisch nennen könnte, gab die Richtung mittelst ihr entsprechender örtlicher Umstände an. Nach diesem Prinzip wurde die südliche Gegend sehr häufig mit dem Namen *negeb* (abgeleitet von der ungebräuchlichen Wurzel *nagab*, lateinisch *exsiccatus fuit*) bezeichnet, weil so die ganz trockene und wüste Gegend im Süden Palästinas hieß. Nicht minder häufig wird die westliche Richtung mit dem Worte *mijjam* (vom Meere her) oder *jammah* (nach dem Meere hin) bezeichnet, weil das Meer (*jam*) die Westgrenze Palästinas bildete und sich für alle Israeliten ohne Ausnahme in westlicher Richtung befand. Analoge den nördlichen und östlichen Grenzen entnommene Benennungen waren, scheint es, nicht in Gebrauch.[3]

---

[1] S. Winckler KAT 179 f.]
[2] S. Reuleaux in der Zeitschrift *Das Weltall*, Jg. 2 (1901/2) 2 f.]
[3] Diese drei Weisen, die Richtungen zu bezeichnen, werden von den biblischen Schriftstellern durcheinander angewandt, anscheinend ohne Regel für die Bevorzugung der einen vor der andern. So sagt Gott in der Genesis (13, 14) anläßlich der Berufung Abrahams zu ihm: „Erhebe deine Augen und schaue von dem Ort, an welchem du dich befindest, nach dem *çaphôn* und nach dem *negeb* und nach dem *qedem* und nach dem *jam*"; hier sind zusammen Ausdrücke gebraucht, die allen drei Systemen angehören. Manchmal kommt es auch vor, daß ein und dieselbe Richtung durch Nebeneinanderstellung zweier ihrer Namen angegeben wird. So wird in Kapitel 27 des Exodus die südliche Richtung mit negeb-têman und die östliche mit qedem-mizrach bezeichnet.

2. Kapitel. Das Firmament, die Erde, die Abgründe.

Die vier Winde werden immer, wie bei uns, mit dem Namen der Gegend bezeichnet, von der sie wehen. Die Hebräer schrieben jedem Winde besondere Eigenschaften zu. Der Ostwind brachte für sie Dürre und Heuschrecken[1]; der Südwind führte Wirbel und Hitze mit sich.[2] Mit dem Westwind kamen Wolken und Regen[3], mit dem Nordwind Kälte und heiterer Himmel.[4] Deshalb sagt Wagner im Faust, indem er die Winde als böse Geister personifiziert:

> „Von Norden dringt der scharfe Geisterzahn
> Auf dich herbei, mit pfeilgespitzten Zungen;
> Von Morgen ziehn vertrocknend sie heran
> Und nähren sich von deinen Lungen;
> Wenn sie der Mittag aus der Wüste schickt,
> Die Glut auf Glut um deinen Scheitel häufen,
> So bringt der West den Schwarm, der erst erquickt,
> Um dich und Feld und Aue zu ersäufen."

23. Wie man sieht, wird mit dieser Vorstellung vom Firmament als dem Austeiler des Windes, des Regens, des Schnees und des Hagels den Wolken ihre Hauptfunktion, Regen zu bringen, genommen. Sie steigen auf von den Enden der Erde[5] und verbreiten sich über den Himmel: in sie setzt Jahwe seinen Bogen, den Regenbogen.[6]

Jedoch nicht alle biblischen Schriftsteller sind Anhänger dieser rohen Kosmographie, so z. B. nicht der gelehrte und geniale Denker, der das Buch Hiob schrieb. Nach seiner Ansicht sind es die Wolken, die den Regen enthalten und über die Erde verteilen.[7] Nach dieser Anschauungsweise hat das

---

[1]) Gen. 41, 6, 23; Exod. 10, 13; Hos. 13, 15; Ezech. 17, 10 und 19, 12.

[2]) Hiob 37, 9, 17; Sach. 9, 14; Luc. 12, 55.

[3]) 1. Kön. 18, 44; Luc. 12, 54.

[4]) Spr. 25, 23; Jesus Sirach 43, 22. [Hiob 37, 9: „Von den Nordsternen (mezarîm, s. § 52) kommt die Kälte" erklärt Duhm durch die unter den Semiten seit Alters (Richt. 5, 20) verbreitete Annahme, daß die Sterne das Wetter regieren.]

[5]) Ps. 135, 7; Jer. 10, 13 und 51, 16.

[6]) Gen. 9, 13, 14, 16; Esech. 1, 28. [Bei den spätern Indern ist der Regenbogen der *Bogen Indras*; ähnlich bei den Finnen und den Negern von Mozambique. S. Renel in Revue de l'histoire des religions T. 46 (1902) 59.]

[7]) Hiob 26, 8: Er bindet die Wasser in seine Wolken ein ... Weiter unten 36, 27—28: die Wolken lassen Regen rieseln, auf viele Menschen [nieder]träufeln. [Hiob 38, 37: Die Krüge (Schläuche) des Himmels — wer legt sie um?]

Firmament keinen Anteil mehr an der Austeilung des Regens, und die Annahme der obern Wasser ist nicht mehr nötig. Wenn der Allmächtige regnen lassen will, „bindet er die Wasser in seine Wolken ein", die den Auftrag übernehmen, sie hier und da auszuschütten, wo ihnen befohlen wird. Gleichwohl spricht das Buch Hiob noch von den „Speichern des Schnees und des Hagels, den ich aufgespart habe für die Drangsalszeit, für den Tag der Schlacht und des Kriegs" (38, 22—23); deutlich werden diese Erzeugnisse vom Regen und Gewitter geschieden, die kurz darauf erwähnt werden (38, 25—28). Es ist also möglich, daß vom Verfasser dem Schnee und Hagel das Firmament vorbehalten wurde, das er freilich nicht erwähnt, obgleich ihm die Gelegenheit, es zu nennen, nicht fehlt.

Doch die augenscheinliche Verbindung der Wolken mit dem Regen konnte auch dem oberflächlichsten Beobachter nicht entgehen, und es finden sich einige Hinweise auf sie. Der Verfasser des Buches Qoheleth sagt (11, 3): „Wenn sich die Wolken mit Regen füllen, so leeren sie ihn auf die Erde aus." Im 2. Buche Samuelis wird von Gott ausgesagt, daß er sich „mit 'Wasserdunkel', dichten Wolken" umgibt (22, 12); durch diese Nebeneinanderstellung wird eine Beziehung zwischen dem einen und dem andern angedeutet.[1] Im Buche der Richter (5, 4) heißt es: „Es troffen die Himmel, es troffen die Wolken von Wasser." Und die Genesis (2,6) läßt einen Nebel aufsteigen, um den Boden zu tränken und den Lehm für die Bildung des Körpers Adams zuzubereiten. Die Verbindung der Wolken mit dem Tau ist deutlich bei Jesaja angegeben.[2]

---

[1]) Die Verbindung wäre noch besser in der Vulgata angegeben, die hat: *cribrans aquas de nubibus coelorum*. Doch kein anderer Ausleger nähert sich dieser Auffassungsweise, auch nicht die LXX.

[2]) Jes. 18, 4. Die Hebräer hatten beobachtet, daß sich die Wolken, und zwar besonders die Morgenwolken, von selbst auflösen: s. Hiob 7, 9 und Hos. 6, 4; 13, 3. Doch ich habe keine Spur auffinden können, die irgendwie auf die Bildung der Wolken durch Verdichtung atmosphärischer Dämpfe hinwiese. Mancher könnte eine Stelle der Vulgata (Hiob 37, 21): *aër cogetur in nubes*, auf diese Tatsache beziehen. Doch wahrscheinlich wollte der Übersetzer hier nur die Bewölkung der Luft als einfache Tatsache der Beobachtung bezeichnen, indem er vielleicht dem Beispiele des Symmachus folgte, der übersetzte: συννεφήσει τὸν ἀέρα. Es scheint, daß schon zur Zeit der ersten Ausleger die Lesung dieser Stelle unsicher war. Die LXX haben in der Tat ὥσπερ τὸ παρ' αὐτοῦ ἐπὶ νεφῶν, worin die Luft nicht einmal genannt ist. Der masoretische Text würde auf lateinisch ergeben *ventus transiit et illud* (coelum) *purificavit*, fast das Gegenteil des Sinnes, für den sich Symmachus und die Vulgata ent-

2. Kapitel. Das Firmament, die Erde, die Abgründe.

24. Im allgemeinen muß man anerkennen, daß es nicht leicht ist, eine erschöpfende Untersuchung alles dessen zu bieten, was die hebräischen Schriftsteller in betreff der Ursache und der Wirkungsweise der meteorologischen Erscheinungen gesagt haben. Da es sich um Ansichten handelt, die größtenteils statt aus dem kritischen Studium der Tatsachen aus der Einbildungskraft stammen, ist eine gewisse Verschiedenheit zwischen dem einen und dem andern Schriftsteller zu erwarten. Dann wird es schwierig, diese Ansichten, die meist durch wenige, in ihrer Bedeutung oft unbestimmte Phrasen ausgedrückt werden, zu unterscheiden oder zu vereinigen; dabei will ich noch gar nicht von der Möglichkeit sprechen, daß gewisse Worte nicht genau nach dem Buchstaben, sondern in übertragenem Sinne oder als Gleichnis zu deuten sind.[1]

25. So haben wir jenen Teil der hebräischen Kosmographie erschöpft, der die Erde, die Abgründe und das Firmament betrifft. Alle diese Dinge insgesamt, muß man sich denken, bilden ein System oder einen kosmischen Organismus, dessen Gestalt mit Hilfe der biblischen Angaben nicht genau und vollständig zu bestimmen ist. Jedoch wird man als sehr wahrscheinlich zugeben, daß jene Schriftsteller, fußend auf dem, was der Schein vorspiegelt, annahmen, das Ganze sei symmetrisch um eine durch Jerusalem gehende vertikale Linie herum angeordnet. Sodann wird man noch zugeben können, daß, da der Himmel mit der Luft davon einen obern Teil von rundlicher Gestalt nach Art einer kreisförmigen Wölbung oder Kuppel

---

scheiden. Die neuern Ausleger halten sich mehr oder weniger eng an den Buchstaben der Masoreten.

[1]) Vielleicht wird einer der Leser erwarten, daß ich hier etwas über die meteorologischen Theorien Salomos sage, die Antonio Stoppani mit seiner fruchtbaren Einbildungskraft in einigen Stellen der Bücher entdeckte, die die Überlieferung jenem berühmten Herrscher zuschreibt. Unter anderm würde Maury in seiner Theorie vom atmosphärischen Kreislauf keinen geringern als Salomo zum Vorgänger haben! Doch da jene Theorie Maury's, obgleich sehr scharfsinnig, von den Sachverständigen (in dem, was sie Neues hatte, als sie aufgestellt wurde) heute als eine Ausgeburt der Phantasie und ein *lusus ingenii* erkannt ist, würde schließlich Salomo wenig Ehre davon haben. Doch Salomo ist tatsächlich unschuldig an dem Irrtum, der ihm zugeschrieben wird. Der würdige Stoppani hat tiefe Gedanken und großartige Theorien dort gesehen, wo ein anderer nur eine bloße und einfache Anspielung auf bekannte und gewöhnliche Tatsachen bemerkt. S. seine *Cosmogonia Mosaica*, besonders 311—312.

bildet (wie man sieht), man sich vorstellte, die Abgründe wären in Symmetrie von einer Fläche von gleicher Gestalt und Größe mit nach unten gekehrter konvexer Seite eingeschlossen. So bildeten schließlich der Himmel mit der Luft einerseits und die Abgründe mit der Scheôl und den untersten Teilen der Erde andererseits zwei gleiche Hälften, die von der Ebene, welche die Oberfläche der Länder und Meere enthält, getrennt sind und hinsichtlich dieser Ebene symmetrisch liegen. Auf eine

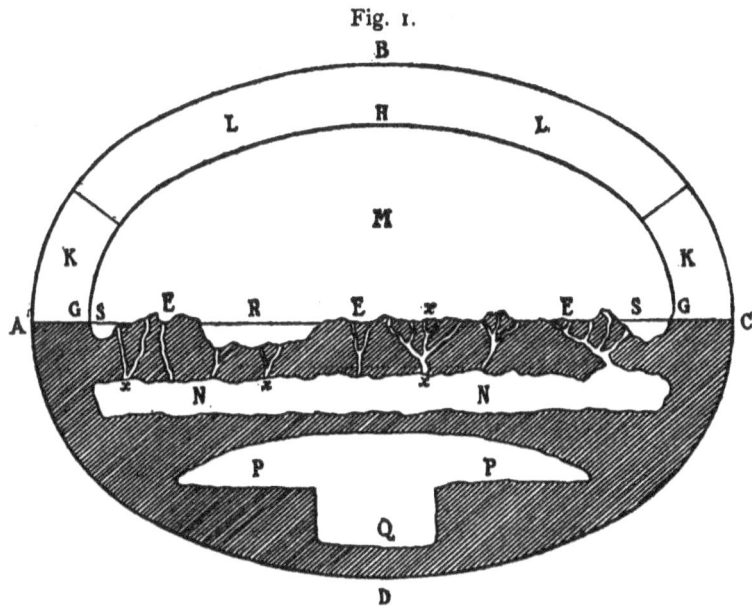

Der Himmel, die Erde, die Abgründe nach den Schriftstellern des Alten Testaments.

solche Symmetrie wird, wie es scheint, in Hiob 11, 8 und Ps. 139, 8 angespielt. Dieses System oder dieser kosmische Organismus konnte demnach vielleicht Kugelgestalt haben. Oder ein anderer könnte mit einigem Grund glauben, die Gesamtgestalt wäre die eines in vertikaler Richtung abgeplatteten Sphäroids, um so die Vorstellung der scheinbaren Gestalt des Firmaments anzupassen, die, wie jeder sieht, nicht eigentlich eine Halbkugel ist, sondern vielmehr die Hälfte eines Sphäroids von viel größerer horizontaler als vertikaler Ausdehnung. Als so abgeplattetes Sphäroid habe ich es in der beigefügten Figur gezeichnet, die dazu bestimmt ist, die vorangehende Darlegung zu verdeutlichen und die Einbildungskraft des Lesers zu unterstützen. Wenn er sie mit den biblischen Angaben vergleicht, wird er leicht beurteilen können, wieviel in ihr wirklich begründet, und wieviel hypothetisch ist.[1]

---

[1]) In Figur 1 stellt dar: A B C den obern Himmel, A D C den Umfang des Abgrunds, A E C die Ebene der Erde und der Meere. In S S R verschiedene Teile des Meeres, in E E E verschiedene Teile des Landes. In G H G hat man das Profil des Firmaments oder untern Himmels, in K K die Vorratskammern der Winde, in L L die Vorratskammern der obern Wasser, des Schnees und des Hagels. M ist der von der Luft eingenommene Raum, in dem die Wolken schweben. In N N die Wasser des großen Abgrunds, in x x x die Quellen des großen Abgrunds. P P ist die *Scheôl* oder Unterwelt, Q ihr unterer Teil, die Hölle im eigentlichen Sinne. [Vgl. mit dieser Abbildung die Skizze des babylonischen Weltbildes bei Jensen, Kosmologie Taf. 3, und Hommel, Aufsätze und Abhandlungen 3, 1 346.]

Drittes Kapitel

Die Gestirne

Die Sonne und der Mond — Ihr Lauf von Josua und andern aufgehalten — Anspielungen auf totale Finsternisse, wahrscheinlich in den Jahren 831 und 824 v. Chr. — Der Sternenhimmel — Das Heer des Himmels — Die Planeten: Venus und Saturn — Kometen und Feuerkugeln — Fall von Meteoriten — Astrologie.

26. Um den oben beschriebenen Organismus oder das System herum, das vom Firmament und der Erde nebst den Abgründen gebildet wird und den zentralen und unbeweglichen Teil des Weltalls darstellte, kreisen die Gestirne, und zwar zuerst die Sonne und der Mond, die, wie es scheint, nur wenig von einander entfernt gesetzt wurden.[1] Die Sonne ist das herrlichste Werk des Allmächtigen, und ihr Name *schemesch* bedeutet im Hebräischen Staunen, Wunder[2]: „Der Sonnenball gleicht einem Bräutigam, der aus seiner Kammer hervortritt, freut sich wie ein Held, die Bahn zu durchlaufen. Von dem [einen] Ende des Himmels geht er aus und läuft um bis zu seinem [anderen] Ende, und nichts bleibt vor seiner Glut geborgen" (Ps. 19, 6—7). Ihr Lauf dauert Tag und Nacht: „Die Sonne geht auf und geht unter und eilt an ihren Ort, woselbst sie aufgeht" (Pred. 1, 5). Hier ist deutlich der unterirdische Lauf der Sonne vom Punkte des Untergangs zu dem des da-

---

[1]) Es kann kein Zweifel darüber bestehen, daß die Sonne und der Mond über das Firmament und die obern Wasser gesetzt wurden. Wenn daher die Genesis (1, 14, 15, 17) die Leuchten von Gott *ans Firmament des Himmels* gesetzt sein läßt, müssen wir dies so verstehen, daß man mehr den Schein als die Wirklichkeit bezeichnen will. Diese Leuchten projizieren sich für den Beschauer tatsächlich auf der Wölbung des Firmaments.

[2]) „Sol dictus, ut videtur, a *stupore*, ut quem homines non sine quodam stupore intueantur ... secundum alios *altus* vel *coelestis*." Gesenius, *Thes.* 1446.

rauf folgenden Aufgangs angegeben. Was den Mond[1] betrifft, so konnte sein Lauf nicht sehr verschieden von dem der Sonne angenommen werden. Sonne und Mond werden beständig als die beiden großen Leuchten verbunden, die dazu berufen sind, die eine bei Tage, die andere bei Nacht die Herrschaft zu führen, und die zur Bestimmung der Tage, Monate und Jahre und auch zu wunderbaren Offenbarungen, zur Vorhersage außerordentlicher Ereignisse dienen.[2] Obgleich ihr Amt, die Zeit zu regeln, eine gewisse Regelmäßigkeit der Bewegungen und Perioden erforderte, sah man es doch nicht als unmöglich an, daß sie auf Befehl Josuas und anderer von Jahwe bevorzugter Männer ihren Lauf aufhielten oder auch sich rückwärts kehrten. Ein alter hebräischer Dichter, der den Sieg Josuas über die Amoriter besang, teilte diesem Feldherrn den Ruhm zu, die Sonne und den Mond aufgehalten zu haben[3]; und gewiß konnte

---

[1] Hebr. *jareach*, nach de Lagarde vom Stamm *arach* wandern; poetisch *lebanah* die strahlend Weiße: weiß ist auch die Farbe des Mondes auf den siebenstufigen Tempeltürmen, die der Sonne golden. S. Zimmern KAT 616 f. Die Bedeutung des Mondes für die älteste israelitische Religion hat jüngst Ditlef Nielsen untersucht, *Die altarabische Mondreligion und die mosaische Überlieferung* (Straßburg 1904): 170, 195 über Mondfarbe.]

[2] Gen. 1, 14: Dies ist, so scheint es, die Bedeutung des Wortes *ôthôth*. LXX: εἰς σημεῖα. Vulgata: *in signa*. Eine ausführliche Erörterung der verschiedenen möglichen Auslegungen bei Gesenius, *Thes.* 40. [Auch im Koran Sure 10, 5 sind Sonne und Mond *âjâth* „Zeichen" zur Bestimmung der Zeit. S. Nielsen a. a. O. 83 f.] Zu den *Zeichen*, auf welche die Genesis hier anspielt, sind gewiß die Finsternisse, besonders die totalen, zu rechnen, über die weiter unten, §§ 27—28. [Vgl. z. B. Virolleaud, *Présages tirés des éclipses de soleil* in der Zeitschrift für Assyriologie Bd. 16, 1902, 201—239. — Analog bedeutet das griechische τέρας eigentlich Stern (so Ilias 18, 485), dann allgemein Wahrzeichen, Götterzeichen. S. O. Schrader, Reallexikon der indogermanischen Altertumskunde 826.]

[3] Jos. 10, 12—14: „Damals sprach Josua zu Jahwe . . . im Beisein Israels: Sonne, stehe still zu Gibeon, und Mond im Tale von Ajalon! Da stand die Sonne still und der Mond blieb stehen, bis das Volk Rache nahm an seinen Feinden. Das steht ja geschrieben im Buche des Rechtschaffenen. Da blieb die Sonne mitten am Himmel stehen und beeilte sich nicht unterzugehen, fast einen ganzen Tag lang. Und es hat weder früher noch später jemals einen solchen Tag gegeben." Das Buch des Rechtschaffenen oder des Gerechten [Schwally, Semitische Kriegsaltertümer, Heft 1 (Leipzig 1901) 7: des Siegreichen] *(sepher ha-jaschar)* war, scheint es, eine Sammlung von Gesängen über die Heldentaten und die großen Männer Israels: es enthielt Gesänge von David und wurde deshalb nicht vor ihm zusammengestellt. Die Josua in den Mund ge-

man kein wirkungsvolleres und zur Erhabenheit einer lyrischen und zugleich heroischen Komposition passenderes Schauspiel ersinnen. Doch wie es im Altertum bei andern Nationen vorkam, so ging auch bei den Hebräern der Stoff der Heldengesänge nicht selten in die Geschichte über, und jene Episode der Kriege Israels wird noch heute von vielen als Geschichte angesehen. — Nach dem Bericht im geschichtlichen Teil des Buches, das den Namen des Jesaja trägt, hätte dieser Prophet die Sonne nicht nur stillstehen, sondern rückwärts gehen lassen.[1] Auch von Elimelech, dem Manne der Noemi, erzählt eine dunkle Überlieferung, daß er die Sonne aufgehalten habe; und nach der Vulgata (1. Chron. 4, 22) hätte ein Nachkomme Judas, des Sohnes Jakobs, eine ähnliche Tat vollbracht.[2]

27. Die Sonnen- und Mondfinsternisse waren den Hebräern nicht unbekannt. Sie wußten nicht ihre Ursachen und pflegten sie als Vorzeichen göttlicher Strafgerichte zu betrachten, und die Propheten unterließen es auch nicht, diese Meinung zu bekräftigen. Bei Joel sagt der Herr[3]: „Ich werde Wunderzeichen am Himmel und auf Erden erscheinen lassen, Blut und Feuer und Rauchsäulen. Die Sonne wird sich in Finsternis wandeln und der Mond in Blut vor dem Anbruch des großen und schrecklichen Tages Jahwes." Ähnlich Amos (8, 9): „An jenem Tage, ist der Spruch des Herrn Jahwe, will ich die Sonne am Mittag untergehen lassen und auf die Erde am hellen Tage Finsternis senden." Diese Stellen scheinen auf wirklich beobachtete Dinge hinzudeuten. Die totalen Mondfinsternisse waren stets zu jeder Zeit und an jedem Orte häufig genug: *der in Blut verwandelte Mond* bezieht sich sicher auf jene rötliche dunkle Farbe, die man oft bei solchen Finsternissen beobachtet. Zu den Zeiten des Joel und Amos hatten die Bewohner Palästinas wohl Gelegenheit, totale Sonnenfinsternisse zu beobachten: in der

---

legten Worte haben im Hebräischen einen Rhythmus und eine poetische Farbe und sind als wörtliche Anführungen aus dem Buche des Gerechten anzusehen. [Schwally a. a. O. 23—25 erklärt die Stelle durch alten israelitischen *Sonnenzauber,* für dessen Übung er ethnologische Parallelen beibringt.]

[1]) S. über diese Tatsache §§ 73—75.

[2]) Für diese beiden weniger bekannten Fälle vergleiche man den Kommentar des Monsignor Martini zu 1. Chron. 4, 22.

[3]) Joel 3, 3—4 nach dem hebräischen Texte; 2, 30—31 nach den LXX und der Vulgata. — [Vgl. auch Exod. 10, 21 f.?]

Tat verzeichnen Oppolzer und Ginzel[1] in dem großen *Kanon der Finsternisse* als sichtbar an den südlichen Grenzen Palästinas eine totale Sonnenfinsternis am 15. August 831 v. Chr. und als sichtbar an andern von Palästina wenig entfernten Orten andere totale Finsternisse am 2. April 824 v. Chr. und am 15. Juni 763 v. Chr. In jener selben Zeit waren in Palästina auch zwei ringförmige Finsternisse, am 2. März 832 und am 6. Oktober 825 v. Chr., sichtbar.[2] Alle diese Erscheinungen mußten damals auf die Einbildungskraft des Volkes einen großen Eindruck machen.

---

[1]) Oppolzer, *Canon der Finsternisse*, in den Denkschriften der k. Akademie der Wissenschaften in Wien, Math.-nat. Cl., Bd. 52 (Wien 1887). — Ginzel, *Spezieller Canon der Sonnen- und Mondfinsternisse* (Berlin 1899).

[2]) Nach den Berechnungen Ginzels wäre die Totalitätszone der Finsternis vom 15. August 831 durch die Umgebung von Memphis gegangen und hätte, Arabia Peträa durchquerend, die Südgrenze Palästinas berührt; der Augenblick der größten Verdunkelung wäre für das südliche Judäa und für Arabia Peträa fast zu Mittag gewesen, genau so, wie der Herr durch Amos sagt: „Ich will die Sonne am Mittag untergehen lassen."

Aus den Karten, die dem angeführten Werke Ginzels beigegeben sind, würde sich für die Finsternis von 824 eine geringere Wahrscheinlichkeit ergeben, und eine noch geringere für die des Jahres 763: auch weil die größte von ihnen in Palästina erzeugte Verdunkelung nicht um Mittag stattfand, sondern im Jahre 824 zwei Stunden früher und im Jahre 763 drei Stunden später. — Was die ringförmigen Finsternisse von 832 und 825 betrifft, so kann man sie wohl ausschließen, da sie nicht die Dunkelheit hervorbringen konnten, von der der Prophet ausdrücklich spricht.

In betreff der Zeit des Amos wissen wir von ihm selbst, daß sein Gesicht statt hatte unter der gleichzeitigen Regierung des Usia (auch Asarja genannt) im Reiche Juda und Jerobeams II. im Reiche Israel. Nach den Berechnungen Opperts *(Proceedings of the Society of Biblical Archaeology* Vol. 20, 1898, 45—46) regierten diese beiden Herrscher zu gleicher Zeit von 811 bis 773 v. Chr. Also hätte Amos und auch Joel (der, wie man annimmt, kurz vor Amos wirkte) sehr gut die eine oder die andere der 831 und 824 eingetretenen Finsternisse oder beide beobachten können.

Doch darf man nicht verschweigen, daß die Chronologie Opperts, die wesentlich auf den Angaben der Bücher der Könige aufgebaut ist, in Widerspruch zu den den Ereignissen gleichzeitigen Denkmälern Assyriens steht, nach denen die Regierungszeit jener beiden Fürsten uns um ungefähr 25 oder 30 Jahre genähert werden müßte, sodaß die Prophetie des Amos in den Zeitraum zwischen 780 und 750 zu versetzen wäre. Der Unterschied ist nicht derart, daß er den Stand der Frage wesentlich ändert: Amos hat sich sehr wohl in seinem Alter an das außerordentliche Schauspiel einer totalen Sonnenfinsternis, das er in früher Jugend gesehen, erinnern können. Für Joel, vorausgesetzt daß er etwas älter als Amos ist, ist die Schwierigkeit noch geringer.

28. Nach Joel und Amos scheinen auch andere Propheten auf totale Sonnen- und Mondfinsternisse anzuspielen. Micha (3, 6): „Die Sonne soll den Propheten untergehen und der Tag sich ihnen verfinstern." Jesaja (13, 10): „Die Sonne wird sich verfinstern, wenn sie aufgeht, und der Mond sein Licht nicht mehr erglänzen lassen." Was die Sonne betrifft, so sind dies wahrscheinlich Reminiszenzen aus früheren Propheten, weil von 763 bis zur Zerstörung des ersten Tempels (586 v. Chr.) keine totale Sonnenfinsternis in Palästina oder dessen unmittelbarer Nachbarschaft sichtbar gewesen ist. — Auch im Buche Hiob (3, 5) wird eine „Tagverdüsterung" angedeutet, die man sehr wohl als totale Sonnenfinsternis verstehen kann.

29. Über dem Laufe der Sonne und des Mondes, an der äußersten Grenze der sichtbaren Dinge dehnt sich der Sternenhimmel aus, der bisweilen mit dem Firmament zusammengeworfen wird. Doch während das Firmament für fest und starr nach Art einer Wölbung gehalten wird, wird uns der Sternenhimmel als etwas Biegsames und Dünnes nach Art eines Tuches oder Zeltes dargestellt. An mehreren Stellen heißt es bei den Propheten, daß Gott „den Himmel ausgespannt hat"[1], was, so scheint es, von einer festen Wölbung nicht gesagt werden kann. In Psalm 104 „spannt Gott den Himmel aus wie ein Zelttuch"[2]; und anderswo „spannt er den Himmel aus wie einen Flor, breitet ihn hin wie ein Zelt, daß man [darunter] wohne".[3] Diese Vorstellung, daß der gestirnte Himmel etwas

---

[1]) Jes. 44, 24; 45, 12; 51, 13; Jer. 10, 12; Sach. 12, 1.

[2]) Über die wahre Bedeutung des Wortes *jeriʿah*, das oben mit *Zelttuch* übersetzt ist, sind die Ausleger nicht einig. Die LXX haben δέρριν, und ihnen schließt sich die Vulgata mit *pellem* an. Luther *Teppich*, Diodati *cortina*, Philippson *Zeltteppich*, Reuß *Zeltdecke*. Allen Übersetzungen ist also die Idee von etwas Dünnem und Biegsamem gemeinsam, das dazu bestimmt ist, als Bedeckung zu dienen.

[3]) Jes. 40, 22. Auch hier ist das, was durch *Flor* wiedergegeben ist, im Hebräischen durch ein Wort von nicht genau bestimmtem Sinn ausgedrückt: *doq*, das die Vorstellung von Feinheit, Dünnheit enthält (Ges. *Thes.* 348). Darum geht die Vulgata mit ihrer Übersetzung: *qui extendit velut nihilum coelos* geradezu bis zur äußersten Grenze, während Luther sich mit einem *dünnen Fell* begnügt. Diodati *come una tela*. Philippson *ein Schleier*. Reuß *ein Teppich*. Gegen alle stände die Autorität der LXX, die von einer Wölbung sprechen: ὁ στήσας ὡς καμάραν τὸν οὐρανόν ... Doch das Wort καμάρα kann von jeder beliebigen Bedachung gebraucht werden, sei sie auch nur sehr leicht und aus Fellen oder Tüchern hergestellt. Ein Beispiel hierfür bietet Herodot 1, 199, wo jenes Wort das Dach eines geschlossenen Wagens bezeichnet.

Dünnes und Biegsames sei und die Sterne nach Art einer Stickerei angeheftet trage, ist am anschaulichsten von Jesaja ausgedrückt worden, der als Zeichen des göttlichen Zornes voraussagt[1]: „Das ganze Himmelsheer zergeht, wie ein Buch rollt sich der Himmel zusammen, und all sein Heer welkt ab, wie das Laub am Weinstock verwelkt, wie welke Blätter am Feigenbaum."

30. Im Liede der Debora, einem der ältesten auf uns gekommenen Denkmäler der hebräischen Literatur, kommt eine deutliche Anspielung auf die tägliche Bewegung der Sterne *(Kôkhabîm)* vor. Während der Schlacht am Flusse Kison „kämpften vom Himmel her die Sterne, von ihren Bahnen aus kämpften sie mit Sisera".[2] Im Buche der Weisheit (7, 19) tritt Salomo auf und rühmt sich, unter anderm zu kennen ἐνιαυτῶν κύκλους καὶ ἀστέρων θέσεις, *annorum cursus et stellarum dispositiones*. In den zwei letzten Worten könnte man vielleicht einen Hinweis auf die Sternbilder finden; doch scheint es in Anbetracht der späten Zeit des Buches auch nicht unwahrscheinlich zu sein, daß sich hierunter die astronomische Vorstellung von der Voraussicht der Himmelsbewegungen, oder vielleicht auch die astrologische Vorstellung von den gegenseitigen Stellungen der sieben Planeten verbirgt. Doch wie man es auch verstehen mag, das Vermögen, alle Sterne zu kennen, sie zu zählen und mit ihren Namen zu unterscheiden, ist Gott allein vorbehalten, der „den Sternen eine Zahl bestimmt, der sie alle mit Namen ruft" (Ps. 147, 4).[3] Gott allein besitzt die vollkommene Kenntnis der Gesetze, die den Himmel lenken, und die Macht, die Einwirkung, die dieser auf die Erde ausübt, zu regeln (Hiob 38, 33).

31. Bei der Untersuchung der astronomischen Kenntnisse der primitiven Völker findet man, daß allen gewisse Stern-

---

[1]) Jes. 34, 4. Es ist unnötig zu bemerken, daß der Ausdruck „sich zusammenrollen wie ein Buch" sich auf die ältere Form der Bücher *(rotulus, volumen)* bezieht, nicht auf die Form der modernen Bücher, auf die das *complicabuntur* der Vulgata hindeutet. Über den Sinn des Ausdrucks *Heer des Himmels* werden wir gleich handeln.
[2]) Richt. 5, 20. Das Wort *mesillôth*, das oben durch *Bahnen* übersetzt ist, bedeutet eigentlich durch Aufschüttung vorgezeichnete *Wege* (*via aggesta* im Lateinischen): hier ist es von den Wegen zu verstehen, die die einzelnen Sterne bei ihrem täglichen Laufe am Himmel beschreiben, was wir *himmlische Parallelkreise* nennen würden.
[3]) S. auch Jes. 40, 16; Jer. 33, 22; Hiob 9, 7; Weish. 7, 19.

gruppen, die besser abgegrenzt sind und deutlicher hervortreten, mehr oder weniger bekannt waren. Den Großen Bären kennen und benennen nicht nur die Stämme, die die arktischen Gegenden der Erde bewohnen, sondern auch, so weit unser Wissen reicht, alle Völker der nördlichen gemäßigten Zone. Das glänzende Sternbild des Orions mit seiner so eigentümlichen Form und die auf so kleinem Raume zusammengedrängte Gruppe der Plejaden finden sich in der Kosmographie aller Völker der heißen Zone und der gemäßigten Zonen in beiden Hemisphären. So kannten auch die Hebräer den Bären, den Orion und die Plejaden und gaben jedem dieser Sternbilder einen eigenen Namen, der mehrmals im Alten Testament vorkommt. Doch man ist zu dem Bekenntnis genötigt, daß die Nomenklatur jener Gruppen, und im allgemeinen alles, was die Uranographie der Hebräer betrifft, der Deutung noch viele Schwierigkeiten bietet. Die Zahl der gesicherten Tatsachen ist gering, groß die der mehr oder weniger ungewissen Vermutungen. Vielleicht gerade deshalb ist dieser Gegenstand viel erörtert worden, sodaß man genug über ihn zu sagen hätte. Darum hielt ich es für angemessen, ihn besonders zu behandeln und das ganze folgende Kapitel ihm zu widmen.

32. *Das Heer des Himmels.* Nicht selten kommt im Alten Testament der Ausdruck *çeba ha-schamajim* vor, das die LXX mit δυνάμεις τοῦ οὐρανοῦ, manchmal auch mit στρατιὰ τοῦ οὐρανοῦ übersetzen: die Vulgata mit *militia* oder *exercitus coeli*. Nicht immer wird er im selben Sinne angewandt. Das eine Mal bezeichnet er einfach das, was den Schmuck des Himmels bildet, darum im allgemeinen alle Gestirne. So müssen wir in der Genesis (2, 1), wo es heißt, daß „der Himmel und die Erde *mit ihrem ganzen Heer* vollendet wurden", hierunter *ihren ganzen Schmuck* verstehen; darum haben die LXX çaba angemessen durch κόσμος, die Vulgata durch *ornatus* übersezt. An andern Stellen muß augenscheinlich çeba ha-schamajim als figürliche Bezeichnung der ganzen Menge der Sterne verstanden werden, die man sehr wohl mit einem Heere oder einer Kriegsmacht vergleichen kann: so an mehreren Stellen des Jesaja (40, 26; 34, 4; 45, 12). Dagegen muß man oft, und zwar hauptsächlich in den nachjesajanischen Schriften[1], unter *Heer des Himmels* eine Klasse von Gestirnen verstehen, die bei den Hebräern eine Zeit lang angebetet wurde.

---

[1] Deut. 4, 19; 17, 3; 2. Kön. 17, 16; 21, 3, 5; 23, 4 und 5; Jer. 8, 2; Zeph. 1, 5; 2. Chron. 33, 3 und 5.

3. Kapitel. Die Gestirne.

33. Um zu bestimmen, welche Gestirne zu dem in diesem Sinne verstandenen *Heer des Himmels* gehörten, beachte man zunächst, daß die Erwähnung desselben erst anläßlich der letzten Könige Israels beginnt, welche angeklagt werden, den Zorn Gottes durch die Anbetung des Himmelsheeres und durch andere Frevel erregt zu haben.[1] Dieser Kultus, der unter dem Einfluß des Einfalls der Assyrer eingeführt wurde, ging zur Zeit des Ahas auch an den Hof von Juda über und wurde erst von dem frommen Josia abgeschafft.[2] Und als nach der Zerstörung Samariens 721 v. Chr. dessen Bewohner in die Verbannung geführt und an ihrer Stelle aus Babylon, Kutha und Sepharwaim herbeigeholte Kolonisten angesiedelt wurden, hatte der Gestirndienst Gelegenheit, sich noch mehr in Palästina zu verbreiten. Wenn man dies erwägt, bietet sich naturgemäß eine andere Beobachtung dar, und zwar die, daß das *Heer des Himmels* zu jener Klasse von Gestirnen gehören muß, deren Anbetung die Assyrer und Babylonier die Hebräer lehrten.

Nun umfaßte der Gestirndienst dieser beiden Völker außer Sonne und Mond auch die Venus und die andern kleinern Planeten; es sind im ganzen sieben Gestirne, deren Gottheiten, wie bekannt, von Nebukadnezar der große Tempel von Borsippa (heute eine Ruine mit dem Namen *Birs Nimrûd*) geweiht wurde. Doch die babylonische Theologie beschränkte sich nicht auf diese; sie führte als Gegenstand abergläubischer Verehrung noch eine Menge guter und böser Geister ein, die mit bestimmten Sternen oder Sterngruppen in Verbindung standen. Die Scharen dieser Geister und untergeordneten Gottheiten wurden von den Babyloniern in derselben Weise, wie die die Erde beherrschenden Geister *Heer der Erde* benannt wurden, mit dem Namen *Heer des Himmels* bezeichnet. Nebukadnezar preist in der Inschrift von Borsippa den Gott Nebo mit den Worten, daß er *herrsche über die Heere des Himmels und der Erde*.[3] Ähnlich heißt es in einem Hymnus an Marduk (den biblischen Merodach), den Friedrich Delitzsch übersetzt hat, daß Marduk *die Geister der Heere des Himmels und der Erde gehören*.[4]

---

[1] 2. Kön. 17, 16.
[2] 2. Kön. 23, 5, 12. [Deut. 4, 19.]
[3] Schrader KAT 2. Aufl. 413.
[4] Smith, *Chaldäische Genesis*, übersetzt von Delitzsch (Leipzig 1876), 303. Durch „Heere" wird in diesen Texten das Wort *kiššatu* übersetzt, das andere durch *Gesamtheit* wiedergeben.

34. Eine bemerkenswerte Erläuterung der Vorstellung von den himmlischen Heerscharen findet man 1. Kön. 22, 19, die 2. Chron. 18, 18 wörtlich wiederholt wird. Nach dieser Erzählung wurde, als Ahab, König von Israel, und Josaphat, König von Juda, mit vereinten Kräften die Stadt Ramoth in Gilead mit Krieg überziehen wollten, ein Prophet über den Ausgang der Expedition befragt, welcher seine Antwort mit den Worten begann: „Ich sah Jahwe auf seinem Throne sitzen und das ganze Himmelsheer zu seiner Rechten und Linken bei ihm stehen." Aus dem folgenden ergibt sich, daß es sich um eine Art von Ratsversammlung handelt, die von guten und bösen Geistern, den Dienern und Vollstreckern der Aufträge Gottes, gebildet wird. Der Einfluß der babylonischen Theologie auf die Vorstellungen des Erzählers liegt hier auf der Hand, und die Natur der Wesen, die zum *Heere des Himmels* gerechnet wurden, kann keinem Zweifel unterworfen bleiben.[1] Es waren größere oder kleinere Gottheiten des babylonischen Pantheons, oder auch nur gute oder böse Geister, von denen einem jeden je ein Stern oder eine Sterngruppe als Sitz oder Reich angewiesen war.

35. Von den einzelnen Planeten lassen sich nur zwei im Alten Testament nachweisen. Einer der großen Propheten des Exils, dessen Weissagungen jetzt unter die des Jesaja gemischt sind, frohlockt über den bevorstehenden Fall des babylonischen Reiches und bricht in folgende Worte aus[2]: „Wie bist du vom Himmel gefallen, *o Hêlel, Sohn der Morgenröte* [Kautzsch: du strahlender Morgenstern]! [Wie] bist du zu Boden gehauen, der du Völker niederstrecktest!" Das Wort *hêlel* [Glanzgestirn] kommt von der Wurzel *halal* her, die *luxit, splenduit, gloriatus est* bedeutet, und kann daher leicht auf einen Stern bezogen werden; umsomehr, als außer Sonne und Mond eben nur Sterne *vom Himmel fallen* können. Und der Stern *Sohn der Morgenröte* pflegt darum angemessen auf die morgendliche Venus gedeutet zu werden. So haben ihn die LXX und die Vulgata verstanden. Wie wir weiter unten zeigen werden, wurden die beiden Erscheinungen der Venus, als Morgen- und

---

[1]) Auf das Heer des Himmels und die figürlichen Darstellungen, die die Babylonier von ihm anfertigten, kommen wir später zurück, s. §§ 64—65.

[2]) Jes. 14, 12. [Vgl. Zimmern KAT 464, 565.]

3. Kapitel. Die Gestirne.

Abendstern, von den Hebräern wahrscheinlich als zwei verschiedene Gestirne mit dem Namen *mazzarôth* angesehen (§§ 63—65). Eine Hindeutung auf Venus könnte man auch in den bei Hiob (38, 7) genannten *Morgensternen* vermuten.[1]

Der Name eines andern Planeten ist wahrscheinlich bei Amos (5, 26) zu finden; nach der masoretischen Punktation wird er *Kijjûn* gelesen, doch es ist jetzt bewiesen, daß er, wie der syrische Übersetzer getan hat, *Kêwan* punktiert und gelesen werden muß.[2] Nun war *Kêwan* der Name des Saturn bei den alten Arabern und den alten Syrern und, wie Eberhard Schrader nachgewiesen hat, auch bei den Assyrern.[3] Die Worte des Amos lauten: „So sollt ihr denn nun den Sikkut, euren König, und den Stern eures Gottes, den Kewan, eure Bilder, die ihr euch gemacht habt, [auf den Nacken] nehmen." Der Prophet wirft also den Hebräern die Anbetung des Saturn vor.

Hiermit ist die Zahl der Planeten, deren Kenntnis wir bei den Kindern Israel annehmen können, erschöpft; denn es ist nicht ganz sicher, daß die Namen *Gad* und *Menî*, die in dem nach Jesaja[4] benannten Buche vorkommen, die Planeten Jupiter und Venus vorstellen. Sie scheinen hier den Gott des Glückes und die Göttin des Schicksals oder des Fatums zu bezeichnen[5]:

---

[1]) In den LXX und der Vulgata kommen andere Stellen vor, in denen der Morgen- oder der Abendstern genannt wird; doch erweisen sie sich bei Vergleichung mit dem hebräischen Texte als zweifelhaft. An einigen von ihnen ist einfach die Morgenröte oder das Licht des Morgens zu verstehen. So Hiob 11, 17 und Ps. 110, 3.

[2]) Vgl. hierüber Gesenius, *Thes.* 669, wo einige andere Deutungen erörtert werden, unter ihnen auch die des Hieronymus *Kijjûn* = Morgenstern. Die Punktation, die den Laut *Kêwan* ergibt, wird auch von der Transkription der LXX gestützt, nämlich . . . . Ραιφαν: wo die Initiale P statt des K wahrscheinlich schon in der von Übersetzer benutzten hebräischen Handschrift stand. In der Tat können die Buchstaben *kaph* und *resch* im phönizischen Alphabet, das bei den Juden bis zur Zeit der LXX und noch später in Gebrauch war, leicht mit einander verwechselt werden.

[3]) E. Schrader, Studien und Kritiken 1874 324 ff. In den heiligen Büchern der Parsen wird der Saturn mit dem Namen *Kêwan* bezeichnet. S. Bundehesch, Kap. 5. [Doch es ist möglich, daß *Kêwan* zur Zeit des Amos noch den Mars bezeichnete. S. Zimmern KAT 408 f.]

[4]) Jes. 65, 11.

[5]) S. die Erörterung von Gesenius, *Thes.* 264 und 798. LXX: τῷ δαιμονίῳ, τῇ τύχῃ. Vulgata: *qui ponitis Fortunae mensam* mit Vereinigung der beiden Gottheiten zu einer einzigen. [Kautzsch: Glücksgott, Verhängnis.]

und ihre Beziehung zu den Planetengottheiten Babylons ist noch nicht überzeugend nachgewiesen.[1]

36. Auch den Kometen scheinen die Hebräer ihre Aufmerksamkeit zugewandt zu haben. Wenn Joel[2] den Allmächtigen sagen läßt, daß er „Blut und Feuer und Rauchsäulen erscheinen lassen wird", so kann man hierin eine Anspielung auf Kometen suchen, obgleich diese Beschreibung auch gut zu irgend einer außerordentlichen Erscheinung von der Art der sogenannten Feuerkugeln paßt. In beiden Fällen sind die *Rauchsäulen* als Streifen oder Schweife von leuchtendem Dampf zu verstehen. Sicher als eine Feuerkugel ist sodann das Schauspiel zu deuten, das mit lebhaften Farben in der Genesis (15, 17) geschildert wird, wo von einem Opfer, das Abraham darbringt, erzählt wird: „Als die Sonne untergegangen und dichte Finsternis eingetreten war, da kam ein Rauch, wie aus einem Ofen, und eine Feuerfackel, die zwischen jenen [Opfer-] Stücken hindurchging." Eine Reminiszenz an eine Feuerkugel könnte man auch in einer Beschreibung bei Ezechiel (1, 4) finden.

Eine Hindeutung auf einen reichlichen Fall von Meteorsteinen entdeckten einige Ausleger im Buche Josua (10, 11), und zwar hätte er sich am gleichen Tage ereignet, der die Sonne stillstehen sah. „Als sie (die Feinde) sich nun auf der Flucht vor den Israeliten auf dem Abstieg von Beth Horon befanden, da ließ Jahwe gewaltige Steine vom Himmel auf sie fallen, bis nach Aseka, sodaß sie umkamen; es waren derer, die durch die Hagelsteine umkamen, mehr denn derer, die die Israeliten mit dem Schwert umgebracht hatten." Die Erwähnung der *Hagelsteine* läßt die Annahme, es handle sich um Meteoriten, zweifelhaft erscheinen; es ist vielmehr ein Hagelschauer, wie es Gott nach Hiob (38, 22—23) aufgespart hat „für die Drangsalszeit, für den Tag der Schlacht und des Kriegs".

---

[1]) Hiermit soll es nicht als unmöglich hingestellt werden, daß die Hebräer eine vollständigere und genauere Kenntnis der Planeten besaßen, als aus dem Alten Testament hervorgeht, besonders nachdem sie mit den Babyloniern in Berührung gekommen waren. Doch die häufige Anwendung der Zahl 7 im Alten Testament steht allem Anschein nach in keiner Verbindung mit den Planeten: noch weniger die hebräische Woche, wie im letzten Kapitel dieses Buches dargelegt werden soll. Die Frage ist weniger einfach hinsichtlich der jüdischen oder judaisierenden Bücher der späteren Zeiten. S. Zimmern KAT 624—626. [S. 404 f. über den Schreibergott Nabû = Merkur in Ezech. 9.]

[2]) Joel 3, 3; in den LXX und der Vulgata 2, 30.

3. Kapitel. Die Gestirne.

37. Wie dachten sich nun die Gelehrten in Israel die Anordnung aller Himmelskörper und die Reihenfolge der Entfernungen? Wir sahen bereits, daß das *Firmament*, das die obern Wasser hält und dazu bestimmt ist, die Verteilung des Regens zu regeln, wie auch dem Schnee und Hagel als Speicher zu dienen, von diesen Schriftstellern als Ergänzung des Erdgebäudes angesehen wurde, als eine Art *unterer meteorologischer Himmel*. Über ihm kreiste in täglicher Bewegung der *obere astronomische Himmel*; in ihm mit freier Bewegung Sonne und Mond. Dieser oberste Himmel umfaßt nach allen Richtungen hin die Erde und das Firmament, und über ihm ist der Sitz des Allmächtigen. An einigen Stellen der Bibel kommt der Ausdruck *schemê ha-schamajim*, Himmel der Himmel[1], vor, der eine Verstärkung des Begriffs Himmel in sich schließt, wie sie nach hebräischem Sprachgebrauch auch für andere Begriffe[2] angewandt wird. Der Himmel der Himmel ist also nichts anderes als der höchste der Himmel, jener, der alles umfaßt.[3]

38. Es ist nicht unmöglich, daß die Assyrer und Babylonier zusammen mit einigen astronomischen Kenntnissen auch den schlechten Samen der Astrologie in Palästina eingeführt haben. Das Volk Israel, das in der Spätzeit der Reiche Israel und Juda sich dem sinnlosesten und wildesten Aberglauben überließ, Wahrsager jeglicher Art[4] hielt, der Sonne Pferde weihte und seine kleinen Kinder im Tale Tópheth opferte, wird gegen den astrologischen Aberglauben, der weniger abgeschmackt und weniger abscheulich als mancher andere ist, nicht gefeit gewesen sein. Gleichwohl waren dies nur vorübergehende Verirrungen, und es ist keine kleine Ehre für dies Volk, daß es die Nichtigkeit jener und aller andern Arten der Divination erkannt hat. Der große Prophet des Exils

---

[1]) Deut. 10,14; 1. Kön. 8,27; Ps. 148,4; 2. Chron. 2,5; 6,18; Neh. 9,6.

[2]) So bezeichnet *dôr-dôrîm* (Geschlecht der Geschlechter) eine sehr lange Zeit, *habel-habalîm* (Eitelkeit der Eitelkeiten) ganz eitle Dinge.

[3]) Es ist bemerkenswert, daß auch die alten Iranier das Dasein zweier Himmel annahmen; eines äußern *(twâsha)*, beständig rotierenden, an dem die Sterne angeheftet sind, und eines innern *(âsman)* von durchsichtigem Blau, der dem biblischen Firmament entspricht. S. Spiegel, *Eranische Altertumskunde*, Bd. 1 188—189 und Bd. 2 13 und 109. — Nirgends erwähnt werden im Alten Testament die drei oder sieben Himmel des spätern Judentums und des Neuen Testaments, deren babylonischen Ursprung man als sicher ansehen darf (Zimmern KAT 615—618).

[4]) 2. Kön. 23, 5.

wirft sarkastisch den Babyloniern vor, daß sie auf die *Zerleger des Himmels*[1] (das ist die Astrologen) ihr Vertrauen setzten und in den Sternen die Zukunft zu lesen versuchten, während Jeremia (10, 2) ausruft: „Zittert nicht vor den Zeichen des Himmels, weil die Heidenvölker vor ihnen zittern!" Der Verlauf der Geschichte beweist, daß diese Mahnungen ihren Erfolg hatten. Von welchem andern der alten Kulturvölker kann man ähnliches sagen?

---

[1] Jes. 47, 13. [Kautzsch: die des Himmels 'kundig sind'. — Vgl. Bouché-Leclercq, *L'astrologie grecque* (Paris 1899) Chap. 2: L'astrologie chaldéenne, 35—71].

[Die Sternnamen in

	Hebräisch	Targum	Peschitta
Am. 5, 8	kîmah	kîmâ	kîmâ
	kesîl	kesîlâ	ʿejûthâ
Jes. 13, 10	kesîlêhem	nefîlêhôn *Riesen*	chailawathehôn *Mächte*
Hiob 9, 9	ʿasch	ʿasch	ʿejûthâ
	kesîl	niflâ *Riese*	gabbarâ *starker Mann*
	kîmah	kîmâ	kîmâ
	chadrê thêman	idderônê schiṭrê mazzalajjâ bisetar darômâ *Planetenhäuser des Südens*	chedar ʿal taimnâ
Hiob 37, 9	cheder	idderôn ʿilâ *obere Kammer*	tauwanê
	mezarîm	kawwat mezarîm *Fenster d. M.*	zariftâ *Regenguß* *
Hiob 38, 31	kîmah	kîmethâ	kîmâ
	kesîl	niflâ	gabbarâ
Hiob 38, 32	mazzarôth	schiṭrê mazzalajjâ *die Bahnen der Planeten*	ʿagaltâ *Wagen*
	ʿajisch	zagethâ *Gluckhenne*	ʿejûthâ
2. Kön. 23, 5	mazzalôth	mazzelathâ	mauzelathâ

*) So auch Saʿadja's arab. Übers.

den alten Übersetzungen.

LXX	Hexapla*	Itala	Vulgata
—	Aq. Ἀρκτοῦρος Sy. Πλειάδες Th. Πλειάς	—	Arcturus
—	Aq. Ὠρίων Sy. ἄστρα Th. Ἕσπερος	—	Orion
Ὠρίων	Sy. τὰ ἄστρα αὐτῶν	omnia luminaria eius	splendor earum*
Ἀρκτοῦρος³		Arcturus (*Septentrio*³)	Arcturus
Ἕσπερος²		Vespertinus (*Hesperus*²)	Orion
Πλειάς¹		Pleiades (*Vergiliae*¹)	Hyades
ταμεῖα Νότου	Ὁ Ἑβραῖος· πάντα τὰ ἄστρα τὰ κυκλοῦντα Νότον	interiora Austri *Austri ministerium*	interiora Austri
ταμεῖα		promptuaria	interiora
[Ἀρκτοῦρος]	Aq. Μαζούρ Th. ἀκρωτήρια	*promptuaria* (= mezawîm, vgl. Budde)	Arcturus
Πλειάς	Aq. (oder Sy.?) wie LXX	Pleias	Pleiades
Ὠρίων		Orion	Arcturus
Μαζουρώθ	Sy. τὰ σκορπισθέντα Th. wie LXX	Mazuroth	Lucifer
Ἕσπερος		Vesper	Vesper
Μαζουρώθ, Μαζαλώθ (Scholiast: ζῴδια)		—	duodecim signa]

*) Ed. Field.
Aq. = Aquila
Sy. = Symmachus
Th. = Theodotion

*) Hieron.: Hebraeus, quo ego praeceptore usus sum, *Arcturum* interpretatus est (bei Field).

Schiaparelli, Astronomie im A. T.

Viertes Kapitel

Die Sternbilder

Schwierigkeiten des Gegenstandes — Die ʿasch oder ʿajisch und ihre Kinder — Der kesîl und die keŝîlîm — Die kîmah — Die Kammern des Südens — Die mezarîm — Der vermutete Drache — Der rahab.

39. Wir können dem Alten Testament wenig Nachrichten über die Uranographie der Hebräer entnehmen, und diese sind dazu meist ziemlich unsicher. Alle unsere Quellen beschränken sich auf drei Stellen des Buches Hiob und eine bei Amos, wo die Namen einiger der bemerkenswertesten Sternbilder des Himmels angegeben werden. Doch die Gleichsetzung dieser Namen mit heute bekannten Sternbildern läßt sich nicht auf sichern Grundlagen vornehmen. Die sogenannten LXX, welche die Bücher des Alten Testaments nur zwei oder drei Jahrhunderte nach der Zeit des Esra ins Griechische übertrugen, sodaß ihnen eine noch ziemlich frische mündliche Überlieferung zugute kam, hätten, scheint es, die Bedeutung jener Namen viel besser kennen müssen, als die Modernen, die sich nur von mehr oder weniger wahrscheinlichen Vermutungen leiten lassen. Doch man kann leicht nachweisen, daß schon für sie diese Bedeutung in der Mehrzahl der Fälle verloren gegangen war. Wo Amos (5, 8) von Gott sagt: *er schuf die kîmah und den kesîl*, schrieb der hellenistische Übersetzer ὁ ποιῶν πάντα καὶ μετασκευάζων, indem er so vermied, die Worte kîmah und kesîl zu übersetzen, deren genaue Bedeutung er wahrscheinlich nicht wußte. Doch ein anderer der LXX, der den Auftrag hatte, das Buch Hiob zu übersezten, begriff, daß es sich um Sterne handle; zweimal (9, 9 und 38, 31) identifizierte er kîmah mit den Plejaden, den kesîl das eine Mal mit dem Abendstern (9,9) und ein anderes Mal mit Orion (38, 31). Dieselben Unsicherheiten und Widersprüche finden wir in der Vulgata, die in der kîmah bei Amos 5, 8 den Arcturus, bei Hiob 9, 9 die Hyaden und bei Hiob 38, 31 die Plejaden erkennt. — Bei dieser Sachlage darf

Die ʿasch oder ajisch und ihre Kinder. 51

es nicht Wunder nehmen, daß einige Gelehrte, z. B. Friedrich Delitzsch, die bis jetzt für die Namen der biblischen Sternbilder aufgestellten Deutungen für ganz in der Luft schwebend halten und der Hoffnung Ausdruck geben, daß das Studium der zahlreichen Sternnamen, die bereits auf den assyrisch-babylonischen Denkmälern gefunden sind, später zur Lösung dieser Zweifel beitragen könne.[1] Gegenüber einer Erklärung von so maßgebender Seite bleibt vorläufig nichts anderes übrig, als der Reihe nach die einzelnen vorkommenden Namen Revue passieren zu lassen und getreu und unparteiisch den *status quaestionis* darzulegen.

40. I. ʿ*Asch* oder ʿ*ajisch*. Diese beiden Namen kommen im Buche Hiob vor, der erste in Kapitel 9, 9 und der zweite in Kapitel 38, 32. An beiden Stellen sind sie von den Namen anderer Sternbilder begleitet, sodaß kein Zweifel in betreff der Natur der Sache, welcher diese Namen entsprechen, auftauchen kann. Die Annahme, daß beide die gleiche Bedeutung haben, findet allgemeine Billigung; denn wenn man die Unsicherheit der Vokale im alten hebräischen Schriftsystem in Betracht zieht, kann man den Unterschied zwischen ihnen als wenig bedeutend ansehen; sie sind vielmehr wahrscheinlich nur zwei verschiedene Schreibweisen für dasselbe Wort.[2] Etwas mehr lernen wir aus der zweiten angeführten Stelle (38, 32): „Leitest du die ʿ*ajisch* und ihre Jungen?", wo jedoch unsicher ist, ob das Wort *Junge* im eigentlichen oder übertragenen Sinne zu verstehen ist.

Die Ansicht, die die meisten Anhänger gefunden hat, ist die des berühmten Ibn Esra[3], nach welchem ʿ*asch* oder ʿ*ajisch*

---

[1]) Fr. Delitzsch, *Das Buch Hiob*, S. 169 des Kommentars (Leipzig 1902). Diese Hoffnung dürfte sich allem Anscheine nach nicht so bald verwirklichen. Wir besitzen bereits umfangreiche Untersuchungen gelehrter Assyriologen über die in den Keilinschriften genannten Sternbilder; doch ihre Ergebnisse gehen so weit auseinander, daß sie nicht viel Vertrauen auf die Sicherheit der Erklärungen einflößen. Eine Probe dieser Meinungsverschiedenheiten kann man in der zusammenfassenden Abhandlung Ginzels finden, *Die astronomischen Kenntnisse der Babylonier und ihre kulturhistorische Bedeutung*, in den von G. F. Lehmann herausgegebenen *Beiträgen zur alten Geschichte* Bd. 1, 3—24.

[2]) Unter welchen Vokalisations-Bedingungen der Unterschied der zwei Namen auf den Unterschied zwischen der *scriptio plena* und der *scriptio defectiva* desselben Wortes zurückgeführt werden kann, vgl. Delitzsch, *Das Buch Hiob* 144 des Kommentars. Er neigt zu der Ansicht, daß in beiden Fällen ʿ*esch* gelesen werden müsse.

[3]) Ideler, *Untersuchungen über die Sternnamen* (Berlin 1809), 21.

nichts anderes als der Große Bär wäre. In der Tat wären diese beiden Namen nicht sehr verschieden von dem Namen *naʿsch*, der im Arabischen Bahre bedeutet und seit unvordenklicher Zeit bei den Arabern in Gebrauch war, um die vier Sterne α β γ δ des bekannten Vierecks des Großen Bären oder die vier Räder des Wagens besonders zu bezeichnen[1]; ja dies Viereck hätten die Araber, die längs der Küsten des Persischen Golfes wohnen, und die Juden von Sana und Bagdad einfach ʿ*asch* benannt.[2] Doch das Sternbild des Großen Bären umfaßt außer dem Viereck der Sterne α β γ δ, das die Araber *naʿsch* nennen, noch die drei Sterne ε ζ η, welche für uns den Schwanz des Bären oder die Deichsel des Wagens bilden. Nun haben dieselben Araber diesen drei Sternen den Namen *banât-naʿsch = Töchter der naʿsch* gegeben. Dies ruft sogleich die bei Hiob 38, 32 genannten *Kinder der ʿajisch* ins Gedächtnis zurück. Und dies ist sicherlich ein beachtenswerter Parallelismus.

Untersucht man die alten Übersetzungen in bezug auf diesen Punkt, so erzielt man dabei wenig übereinstimmende Ergebnisse. Bei den LXX in Hiob 9, 9 ist es unsicher, welcher der drei Namen der ʿ*asch* des hebräischen Textes entspricht[3]; bei Hiob 38, 32 entspricht ʿ*ajisch* einem Ἕσπερον. Die Vulgata hat an der ersten Stelle *Arcturum* für ʿ*asch* und an der zweiten *Vesperum* für ʿ*ajisch*. Die Gleichsetzung mit dem Abendstern erscheint nicht glaublich, denn was wären in diesem Falle die Kinder des Abendsterns? Wenn man sich dagegen für die sehr wahrscheinliche Annahme entscheidet, daß hier *Arcturum* aus Versehen[4] für *Arkton* gesetzt ist, hätten wir wenigstens in einer der Übersetzungen der Vulgata eine Bestätigung der Meinung Ibn Esra's.

---

[1] Kazwini, *Beschreibung der Sterne* bei Ideler, a. a. O. 19. Alsufi, *Description des étoiles fixes*, trad. Schjellerup, 49—50.

[2] Karsten Niebuhr, *Beschreibung von Arabien* 115. Ideler a. a. O. 22. Gesenius, *Thes.* 896.

[3] Die Reihenfolge der Namen im hebräischen Texte von Hiob 9, 9 ist ʿ*asch, kesîl, kîmah*; desgleichen die in den LXX Πλειάδα, Ἕσπερον, Ἀρκτοῦρον. Nun ist sicher, daß *kîmah* den Plejaden gleichzusetzen ist, wie wir etwas weiter unten darlegen werden. Überdies übersetzen dieselben LXX in Hiob 38, 32 ʿ*ajisch* Ἕσπερον. Dies läßt vermuten, daß die Reihenfolge der Namen bei den LXX in diesem Verse verändert ist; darum rät die Vorsicht, ihn bei diesen Erörterungen unberücksichtigt zu lassen.

[4] Über die mögliche Verwechselung von *Arcturus* mit *Arktos* siehe weiter unten § 52.

Syrisch ʿEjûthâ.

41. Die alte syrische Übersetzung der Bibel, die sogenannte *Peschitta*, setzt an den beiden Hiobstellen für ʿ*asch* und ʿ*ajisch* ʿ*Ejûthâ*. Dies ist ein Sternbild der Syrer, das in den Werken des hl. Ephrem erwähnt wird. Bei diesem Schriftsteller werden an einer Stelle[1] die Sternbilder der Plejaden, des Wagens, des ʿ*Ejûthâ* und Orion zusammen genannt als diejenigen, welche die Schiffer am häufigsten sorgfältig beobachten. Dies genügt, um zu beweisen, daß der ʿ*Ejûthâ*, und also auch die ʿ*asch* und ʿ*ajisch*, weder der Wagen noch die Plejaden noch Orion sein konnten.

Doch was war denn das Sternbild ʿ*Ejûthâ?* Gesenius erörtert die Frage auf S. 895 — 896 seines *Thesaurus* und führt die Autorität einer Version der *Peschitta* in arabischer Sprache an, in welcher ʿ*Ejûthâ* stets durch *al-ʿaijûq* wiedergegeben ist, und eine gleiche Übersetzung bieten auch fast einstimmig die syrisch-arabischen Wörterbücher. Nun ist *al-ʿaijûq* in den uns bekannten arabischen Uranographien der Name des hellen Sterns im Fuhrmann, der bei den Griechen αἴξ, bei uns auf lateinisch *Capella* heißt.[2] Daher haben verschiedene Ausleger, unter ihnen die berühmten Orientalisten Hyde und Ewald, geglaubt, nicht nur der ʿ*Ejûthâ* der Syrer, sondern auch die ʿ*ajisch* Hiobs müsse mit der *Capella* gleichgesetzt werden; deren von Hiob genannte *Junge* wären dann die kleinen von ihr wenig entfernten Sternchen ζ und η des Fuhrmanns, die die Griechen im Altertum und heute auch wir *Zicklein* benennen.

42. Der schwache Punkt dieser Beweisführung ist, daß die Namen ʿ*Ejûthâ* und ʿ*Aijûq* wahrscheinlich mit Rücksicht auf eine gewisse Ähnlichkeit, die sie bieten, gleichgesetzt worden sind. Doch es läßt sich nachweisen, daß eine solche Identität unmöglich ist. Es ist in der Tat richtig, daß einige Schriftsteller und Verfasser syrisch-arabischer Wörterbücher, deren von Gesenius gesammelte Zeugnisse wir unten in einer Anmerkung[3] anführen,

---

[1]) Angeführt von Gesenius, *Thes.* 895 A. [Weil die syrischen Konsonantenwerte den hebräischen entsprechen, schlägt Hoffmann für das Hebräische die Punktation ʿ*ijusch* vor.]

[2]) Ideler, *Sternnamen* 92. Von *al-ʿaijûq* ist dann durch Verderbnis der Name *Alhajoth* hergeleitet, der manchmal gebraucht wird, um die *Capella* auf den Himmelskarten zu bezeichnen.

[3]) Gesenius, *Thesaurus* 895 B. Bar Ali: ʿ*Ejûthâ est al-ʿaijûq, una stellarum Tauri; secundum alios Orion.* — Bar Bahlul: ʿ*Ejûthâ in libro Honaini al-ʿaijûq, quae stella Tauri est et Gimel litterae figuram refert, et post Plejades currit: aliis Aldebaran.* Lex. Adl.: ʿ*Ejûthâ est ʿaijûq una stellarum,*

dem syrischen 'Ejûthâ den arabischen Namen *al-'aijûq* gleichsetzen, welcher bei den arabischen Astronomen das bezeichnet, was wir *Capella* nennen: doch es ist auch gleicherweise richtig, daß obige Schriftsteller unter *al-'aijûq* einen andern Stern verstehen, und zwar Aldebaran mit den ihm benachbarten Hyaden. Die Sache wird klar sein, wenn wir genau die Worte jener Schriftsteller untersuchen.

Sie sagen, 'Ejûthâ sei ein Stern des Stiers, was von Capella falsch ist, aber für Aldebaran zutrifft. Er sei ein roter Stern, was man von Capella nicht sagen kann, was aber für Aldebaran ganz ausgezeichnet zutrifft. Er stehe rechts von der Milchstraße; so steht Aldebaran, während Capella links von ihr steht. Er folge den Plejaden in ihrem täglichen Laufe; es ist ein besonderes Kennzeichen Aldebarans, den Plejaden in nächster Nähe zu folgen: ja gerade nach diesem Umstande erhielt Aldebaran von den Arabern die Benennung *Tâlî al-naǵm*, derjenige, der den Plejaden folgt, und *Hâdî al-naǵm*, derjenige, der die Plejaden leitet. Schließlich wird gesagt, 'Ejûthâ ahme die Gestalt des Buchstaben Gimel nach, was vollkommen auf die *Hyaden* zutrifft, welche in ihrer allgemeinen Anordnung der Gestalt des Buchstaben *g* ⅃ im arabischen und im syrischen Estrangelo-Alphabet gleichen. Auf diese Gestalt bezieht sich ohne Zweifel einer der angeführten Schriftsteller, wie man ohne weiteres aus der folgenden Abbildung ersehen kann.

Fig. 2.

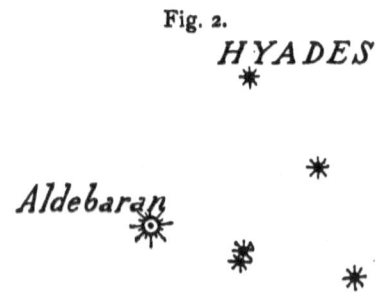

Es steht also fest, daß der 'Ejûthâ der Syrer nichts anderes als Aldebaran, der Hauptstern der Hyaden, oder auch Aldebaran

---

Orion vel Plejades. Firuzabadi.: '*Ejûthâ est stella rutilans parva et lucida in dextro latere Viae Lacteae, quae sequitur Plejades, numquam praecedit.* Orion und die Plejaden sind nach dem oben angeführten Zeugnis des hl. Ephrem ohne weiteres auszuschließen; vgl. übrigens die folgenden Abschnitte *kesîl* und *kîmah*.

samt allen Hyaden sein kann.¹ Wenn die syrische Übersetzung *Peschitta* vom *'Ejûthâ mit seinen Söhnen* spricht, so bezeichnet sie damit Aldebaran mit den kleinern Hyaden.

Beachten wir noch, daß nach der oben angeführten Stelle des hl. Ephrem der *'Ejûthâ* zu seiner Zeit eins der Sternbilder war, das, gleichwie den Wagen, den Orion und die Plejaden, die Schiffer mit größerer Sorgfalt beobachteten. Nun paßt dies vollkommen auf die Hyaden, *sidus vehemens et terra marique turbidum*², dem deshalb die Seeleute besondere Aufmerksamkeit widmen mußten.

43. Nach dem Zeugnis der syrischen Übersetzung *Peschitta* wäre also die *'asch* oder *'ajisch* Hiobs nichts anderes als Aldebaran, und *die Jungen der 'ajisch* wären die kleinern Hyaden, die ihn umgeben. Diese Angabe erhält eine wichtige Bestätigung von der Autorität des Talmud, welcher (im Traktat *Berakhôth* fol. 58 B: Gesenius *Thes.* 895 A) *'ajisch* durch Kopf des Stieres erklärt. Nun wird der Kopf des Stieres gerade von den Hyaden gebildet, und in ihm vertritt der schöne rötliche Stern Aldebaran das Auge.

Diese Zeugnisse der Peschitta und des Talmud werden noch durch den Namen des Sternbildes selbst erläutert und bestätigt. Tatsächlich bezeichnet dieser Name unter der Form *'asch*³ (LXX σής, Vulgata *tinea*) das Insekt, das die Tücher und Kleider zerstört und bei uns *Motte* heißt: nach der Häufigkeit, mit der es im Alten Testamente genannt wird⁴, zu urteilen, scheint es in Palästina sehr häufig und sehr lästig gewesen zu sein.

Dies Insekt hat im Raupenzustand keine hervorstechenden Merkmale; dagegen unterscheidet man seine Gestalt leicht im Schmetterlingszustand. Wenn es sich auf eine horizontale Fläche setzt, hält es nicht, wie viele andere Feldschmetterlinge, die Flügel in vertikaler Richtung, sondern stellt sie fast horizontal, sodaß sie fast seinen ganzen Körper bedecken. Das ganze Tier hat dann das Aussehen eines gleichschenkligen

---

[¹] Dies gibt ausdrücklich Bar Hebraeus an, der auch sagt, daß das Sternbild die Gestalt eines griechischen *Λ* habe. S. Payne Smith, *Thesaurus Syriacus.*]

²) Plin. *Hist. Nat.* 18, 29.

[³] Die wohl sekundär ist und entstand, als man die Ähnlichkeit des Sternbilds mit einer *Motte* entdeckte.]

⁴) Hiob 4, 19; 13, 28; 27, 18; Hos. 5, 12; Jes. 50, 9; 51, 8; Ps. 39, 12; Jesus Sir. 19, 3; 42, 13.

Dreiecks, und die äußern Linien der Flügel laufen zusammen, um am Kopfe eine Ecke zu bilden. Nun bieten die Hyaden eine sehr ähnliche Gestalt; bei ihnen laufen zwei Reihen von Sternen in einer Ecke zusammen, wie man aus der oben S. 54 beigefügten Zeichnung dieser Sterne sehen kann. Nach dieser Zeichnung (und noch besser nach direkter Beobachtung am Himmel) begreift man, wie die Israeliten dazu kamen, in den Hyaden die Gestalt einer Motte zu erkennen und ihnen deren Namen zu geben.

44. II. *Kesîl*. Er wird zusammen mit andern Sternbildern zweimal in Hiob (9, 9 und 38, 31) und einmal in Amos (5, 8) genannt. Den Ursprung dieses Namens leitet man von der hebräischen Wurzel *kasal* ab, welche die Bedeutungen *firmus fuit, crassus fuit* und in übertragenem Sinne *stultus fuit, impius fuit* hat.[1] Dies scheint anzuzeigen, daß die Hebräer (vielleicht infolge irgend einer uns unbekannten Überlieferung, die der vom griechischen Orion ähnlich war) in dem Sternbild *kesîl* die Gestalt eines Mannes, ja eines außergewöhnlich großen und starken Mannes erkannten.[2] Unter den glänzendsten Sternbildern des Himmels gibt es eins, und zwar nur ein einziges, das mit seiner Anordnung einem solchen Bilde entspricht; es paßt vollkommen zu dem Fall, da es in sieben Sternen 1. und 2. Größe die grobe, aber deutliche Gestalt eines kolossalen Menschen bietet, den die Griechen *Orion*, die Araber *al-ǵabbâr* (das ist der Riese), die Ägypter *Sahu* und die Inder der vedischen Zeit *Trisanku* nannten.

Die Identität des Sternbilds *kesîl* mit unserm Orion wird auch von der Überlieferung der alten Versionen bezeugt; von den LXX bei Hiob 38, 31, von der Vulgata in Hiob 9, 9 und in Amos 5, 8. Fast alle neuern Ausleger der Bibel stimmen in der Annahme dieser Identität überein. Indessen fehlen auch nicht abweichende Stimmen; so wollte Karsten Niebuhr *kesîl* mit dem Sirius, Hyde mit Canopus gleichsetzen.[3] Die LXX bei Hiob 9, 9 haben in ihm den Hesperus, und die Vulgata bei

---

[1] Hommel, *Aufsätze und Abhandlungen* 3, 1 421, 432 verweist auf babyl. *Ka-sil-Sigga* „Anfang der Straße der unteren Himmelswölbung" = ϑ (?) Ophiuchi, doch im Alten Testament wohl dessen Gegengestirn Orion; S. 369 *Kislew* der Monat des Ophiuchus (Schützen).]

[2] Nimrod wurde mit dem Orion verknüpft. S. Zimmern KAT 581; schon im *Chron. pasch.* 64.]

[3]) Ideler, *Sternnamen*, 264. [Franz Delitzsch, *Hiob* 2. Aufl. 501.]

Hiob 38, 31 den Arcturus, das ist wahrscheinlich den Bären, erkannt.

45. Der Name *kesîl* kommt in der Mehrzahl in folgender Stelle des Buches Jesaja (13, 10) vor: „Die Sterne des Himmels und die *kesîlim* daran werden ihr Licht nicht [mehr] leuchten lassen." Die LXX haben die Mehrzahl unberücksichtigt gelassen und geschrieben: Οἱ γὰρ ἀστέρες τοῦ οὐρανοῦ καὶ ὁ Ὠρίων, desgleichen Luther. Reuß [und Kautzsch] wörtlich: *Die Sterne am Himmel und seine Orione*, eine Übersetzung, die der von Gesenius[1] vorgeschlagenen ähnlich ist. Die Vulgata: *stellae caeli et splendor earum*. Diodati: *le stelle dei cieli e gli astri di quelli*. Mehr als alle andern gefällt mir die Übersetzung von Philippson, der in den *kesîlim des Himmels* seine Sternbilder sieht: *die Sterne des Himmels und ihre Bilder strahlen ihr Licht nicht*. Doch auch so vermeidet man nicht ganz eine doppelte Anwendung einer und derselben Vorstellung.

46. III. *Kîmah*. Dieser Name kommt zusammen mit dem anderer Sternbilder zweimal bei Hiob (9, 9 und 38, 31) und einmal bei Amos (5, 8) vor. Man kann ihn mit der hebräischen Wurzel *kûm* in Verbindung bringen, die *accumulavit* bedeutet, oder mit dem assyrischen *kâmu*, das *ligavit* bedeutet[2]: woraus man schließen würde, daß es sich um einen Haufen eng zusammenstehender Sterne handelt. Und dann um keinen andern als die Plejaden, den bekanntesten, ja den einzigen dieser Haufen, der durch sein helles Licht allgemeine Aufmerksamkeit bei allen Völkern zu allen Zeiten erregt hat. Diese Vermutung, die an und für sich wenig Wert hätte, wird glücklicherweise von der Überlieferung der LXX bestätigt, bei denen *kîmah* die Einzahl bewahrt und stets *die Plejade* ist. Diesmal tritt als nicht zu verachtende Autorität auch Aquila[3] aus Pontus hinzu, welcher bei Hiob 38, 31 ebenfalls *die Plejade* übersetzt. Dem Beispiele der LXX und des Aquila folgen fast ausnahmslos die spätern Ausleger, einschließlich E. Renan und Fr. Delitzsch. Ich sage *fast*, denn die Vulgata bietet für jeden der drei Texte, die das Wort *kîmah* enthalten, eine verschiedene Übersetzung: an einer Stelle sind es die Hyaden, an einer andern die Plejaden, an

---

[1] Gesenius, *Thes.* 701: „Oriones, sive gigantes coeli, idest maiora coeli sidera, Orioni similia, ut latine *Cicerones, Scipiones* appellantur viri Ciceroni, Scipioni similes."

[2] Letztere Ableitung schlug Fr. Delitzsch vor. S. *Proceedings of the Society of Biblical Archaeology* Vol. 12, 185.

[3] Andere schreiben das Fragment dem Symmachus zu.]

der dritten Arcturus. Albert Schultens, der berühmte Kommentator des Hiob, scheint auch eine von der gewöhnlichen abweichende Ansicht zu haben und *kîmah* als allgemeinen Ausdruck für die helleren südlichen Sterne anzusehen.[1]

47. IV. *Chadrê thêman.* Im Buche Hiob (9,9) wird außer den oben beschriebenen Sternbildern noch ein anderes genannt, das den eben angegebenen Namen trägt. Die LXX übersetzen ihn mit ταμεῖα Νότου, die Vulgata mit *interiora Austri* und geben so die buchstäbliche Bedeutung des Wortes gut wieder. In der Tat ist *cheder* von der Wurzel *chadar* abzuleiten, die durch *habitavit, latuit* übersetzt wird; es bezeichnet eigentlich den am meisten geschützten und innersten Teil einer Wohnung, in dem die Kostbarkeiten aufbewahrt werden, *penetralia*, und wird auch in übertragenem Sinne angewandt, um den innersten und verborgensten Teil einer beliebigen Sache zu bezeichnen. Was *têman* betrifft, so bedeutet es die rechte Seite und bezeichnete für die Hebräer, die sich mit dem Gesichte nach Osten orientierten, auch die südliche Richtung und den Südwind. Luther hat diese Bedeutungen mit der Tatsache kombiniert, daß es sich hier unzweifelhaft um himmlische Sternbilder handelt,

---

[1]) Ideler, *Sternnamen* 148. Anläßlich der *kîmah* können die zwei verschiedenen Deutungen der auf sie bezüglichen Stelle Hiob 38, 31 nicht mit Stillschweigen übergangen werden. Der erste Teil dieses Verses wird von den meisten in dem Sinne verstanden: „Vermagst du die Bande der Plejaden zu knüpfen?", wo *die Bande* für das hebräische Wort *maʿanaddoth* [Stamm ʿ*anad* Hiob 31, 36] stehen. So haben die Verfasser der ältesten Übersetzungen, die LXX, Aquila und die Vulgata, in ihren Exemplaren gelesen. Gleichwohl ist es eine Tatsache, daß im heutigen masoretischen Texte dasselbe Wort mit Wechsel der Konsonanten n d *maʿadannoth* geschrieben ist, was *deliciae, oblectamenta, cupediae* (Gesenius, *Thes.* 995—996) bedeutet. Jene Ausleger, die sich an diese Lesung halten wollten, mußten sich damit begnügen, einfach das Wort wiederzugeben, ohne in ihm einen Sinn zu suchen, wie Diodati getan hat: *Puoi tu legare le delizie delle Gallinelle?*, oder mußten sich für eine sehr freie Übersetzung entscheiden, wie es in der offiziellen Bibelübersetzung der Anglikanischen Kirche geschehen ist: *Canst thou bind the sweet influences of Pleiads?* — In diesen *süssen Einflüssen*, die die Plejaden ausüben sollen, hat der berühmte Meteorologe Maury *(Sailing Directions*, Washington 1858 Vol. 1, 17) nichts Geringeres als die universale Anziehungskraft und die Anordnung des gestirnten Weltalls nach der Hypothese Mädlers erkannt, welcher die Plejaden zum Mittelpunkt aller Bewegungen der Sterne machte. Die Nichtigkeit dieser Hypothese wird jetzt von allen Astronomen anerkannt. Wir haben hier jedoch ein neues Beispiel für die seltsamen Verirrungen, in die das Verlangen, in der Bibel zu finden, was doch nicht in ihr stehen kann, verleiten kann und mehr als einmal verleitet hat.

und *chadrê thêman* als *die Sterne gegen Mittag* erklärt, Diodati als *i segni che sono in fondo all' Austro;* beide meines Erachtens sehr treffend. Der Verfasser des Buches Hiob wollte ohne Zweifel irgend ein glänzendes Sternbild unter den südlichsten seines Horizontes angeben. Es wäre nicht schwer, ein solches Sternbild zu finden, wenn in dem Zwischenraum zwischen der Zeit des Schriftstellers und unserer Zeit nicht die Tatsache der Präzession eingetreten wäre, kraft welcher viele südliche Sterne, die in Palästina (das ist ungefähr unter 32° nördlicher Breite) sichtbar waren, als das Buch Hiob geschrieben wurde, jetzt unter der gleichen Breite nicht mehr zu sehen sind oder umgekehrt. Vor allem muß man sich also ein einigermaßen genaues Bild des südlichen Himmels für das Jahr 750 v. Chr. verschaffen, das wir als ungefähre Zeit des Buches Hiob annehmen. Bekanntlich haben sich die Erforscher der hebräischen Literatur über diese noch nicht einigen können[1]; glücklicherweise ändern für uns drei oder vier Jahrhunderte mehr oder weniger nicht wesentlich den Stand der Frage.

48. Auf einem Himmelsglobus bezeichne man den Punkt, dessen Rektascension 17°, und dessen südliche Deklination 75° ist. Dieser Punkt gibt annähernd, falls der gebrauchte Globus nicht mehrere Jahrhunderte alt ist, die Stelle an, die unter den Sternen der antarktische Pol des Himmels im Jahre 750 v. Chr. einnahm. Von demselben Punkte als Pol beschreibe man mit einer Zirkelöffnung, die auf dem Globus 32° des größten Umfanges umfaßt, einen Kreis. Dieser schließt alle Sterne ein, die über dem Horizonte Palästinas (oder im allgemeinen der Örter, die unter 32° nördlicher Breite liegen) im selben Jahre 750 v. Chr. *nicht* sichtbar waren. Wenn man dann außer diesem Kreise um denselben Pol einen zweiten beschreibt, der von jenem 20° entfernt ist, haben wir so auf dem Globus zwischen den beiden Kreisen eine sphärische Zone von 20° Breite abgegrenzt; dieselbe begreift alle Sterne in sich, die im Jahre 750 v. Chr. in Palästina in geringerer Höhe als 20° über dem südlichen Horizonte kulminierten, also solche, unter denen das mit dem Namen *chadrê thêman* oder *Kammern des Südens* bezeichnete Sternbild gesucht werden muß.

49. Wenn man nun die besagte Zone durchläuft, so findet

---

[1]) Die Ansichten schwanken zwischen der Zeit des Moses (1300 v. Chr.) und der der Nachfolger Alexanders des Großen (300 v. Chr. oder später). Der Zeitraum beträgt also ein Jahrtausend und mehr.

man, daß sie zu drei Vierteln ihrer Ausdehnung geradezu arm an hervorragenden Sternen ist und kein wirklich bedeutendes Sternbild enthält. Das andere Viertel dagegen, das mit α *Argûs* (Canopus) beginnt und mit α *Centauri* endigt, ist nach Zahl und Lichtstärke der großen Sterne die glänzendste Gegend des südlichen Himmels.[1] Auf einem Raume, der weniger als $1/30$ des ganzen Himmels umfaßt, sieht man hier 5 Sterne erster Größe, unter ihnen Canopus, den hellsten aller Sterne nächst Sirius, während es am ganzen Sternenhimmel nur ungefähr 20 solcher Sterne gibt. Dazu kommen 5 andere Sterne zweiter Größe, von welchen der ganze Himmel nur ungefähr 60 hat. Auch fehlt nicht eine reichliche Menge kleinerer Sterne bis zur letzten Grenze der mit bloßem Auge sichtbaren.[2] Alle diese Sterne bilden eine prächtige Guirlande, die den dichtesten und glänzendsten Teil der Milchstraße zum Hintergrunde hat. Kein anderer Teil des Himmels enthält auf gleichem Raume eine solche Summe von Licht; diese ist so groß, daß sie in der Atmosphäre eine leichte Crepuscularerleuchtung erzeugt, ähnlich derjenigen, die der Mond in den ersten Tagen nach dem Neumond verbreitet.[3] Im Jahre 750 v. Chr. ging diese ganze Gegend über dem äußersten südlichen Horizonte Palästinas durch den Meridian, die oben angeführten glänzenden Sterne kulminierten in Höhen zwischen $5°$ und $16°$.[4] Diese Sterne bilden ein groß-

---

[1]) Al. v. Humboldt, *Kosmos* Bd. 3 184 f.

[2]) Den relativen Überfluß dieser Gegend an mit bloßem Auge sichtbaren Sternen aller Klassen von der 1. bis zur 6. Größe kann man aus den Karten ersehen, die meiner Abhandlung *Sulla distribuzione apparente delle stelle visibili ad occhio nudo*, in den Pubblicazioni del Real Osservatorio di Brera in Milano no 34, beigegeben sind.

[3]) „Such is the general blaze of star-light near the Cross from that part of the sky, that a person is immediately made aware of its having risen above the horizon, though he should not be at the time looking at the heavens, by the increase of general illumination of the atmosphere, resembling the effect of the young moon." Beobachtung des Astronomen Jacob in Madras, die Humboldt anführt, *Kosmos* Bd. 3 212—213.

[4]) Namen dieser Sterne, ihre Größe und ihre Kulminationshöhe unter $32°$ nördlicher Breite um 750 v. Chr.:

Canopus 1. Gr.	$5°$	γ *Crucis* 2. Gr.	$16°$
γ *Argûs* 2. Gr.	$16°$	α *Crucis* 1. Gr.	$10°$
ε *Argûs* 2. Gr.	$6°$	β *Crucis* 1. Gr.	$13 1/2°$
η *Argûs* (veränd.)	$11°$	β *Centauri* 1. Gr.	$12 1/2°$
ι *Argûs* 2. Gr.	$8 1/2°$	α *Centauri* 1. Gr.	$10 1/2°$

Der veränderliche Stern η *Argûs* fällt bisweilen bis zur 3. und 4. Größe, öfter hat er die erste erreicht und sich dem Glanze des Canopus genähert.

Die *Kammern des Südens*.

artiges und alle andern, Orion nicht ausgenommen, an Glanz übertreffendes Sternbild, das auf den heutigen Karten unter das Schiff Argo, das Kreuz des Südens und den Centaur verteilt ist. Dies ist das Sternbild, das wir mit großer Wahrscheinlichkeit mit den *Kammern des Südens* gleichsetzen können; nicht nur weil es, sondern vielmehr weil es allein alle Bedingungen des Falles erfüllt. Zu den Zeiten, auf die hier angespielt wird, konnten die Hirten und die Landleute Palästinas (was sie heute nicht mehr können) es am äußersten südlichen Horizonte in intensivem Lichtschein gleichsam als ein mit glänzenden Sternen besätes Südlicht beobachten und ein Schauspiel bewundern, das heute nur derjenige genießen kann, welcher in der Richtung nach dem Äquator bis ungefähr zum 20. Grad nördlicher Breite hinabgeht.

50. Wenn man eine Karte des südlichen Himmels prüft, wird man finden, daß besagtes Sternbild nach der Seite des Canopus hin mit dem Sirius durch einige schöne Sterne des Großen Hundes und der Argo verbunden ist. Es wäre darum erlaubt, jenes Sternbild bis zum Sirius auszudehnen und anzunehmen, daß auch dieser letztere Stern, der bemerkenswerteste und hellste des ganzen Himmels, zu den *chadrê thêman* gerechnet wurde. So hätte man hier im Alten Testament auch eine Anspielung auf Sirius, der sonst nirgends erwähnt wird. Doch es ist zu bemerken, daß 750 Jahre v. Chr. und unter 32° nördlicher Breite Sirius in einer Höhe von 41° kulminierte und darum vielleicht schon zu weit vom Horizonte entfernt war, um ihn zu den *Kammern des Südens* rechnen zu können.

Die *Kammern des Südens* werden auch an einer andern Stelle bei Hiob 37,9 genannt, wo es heißt: „*Von dem cheder* [Kautzsch: aus der Kammer] kommt der Sturm." Daß hier *cheder* dasselbe ist wie die *chadrê thêman*, haben schon die LXX gesehen, die in beiden Fällen ταμεῖα übersetzten; auch der Verfasser der Hiobübersetzung in der Vulgata hat es gesehen, der auch hier *interiora* gesetzt hat. Die Sache gewinnt an Sicherheit, wenn man bedenkt, daß bei den Hebräern der Südwind der Glutwind war, der Unwetter und Hitze brachte, wie aus einigen Stellen hervorgeht, die ich unten als Anmerkung beifüge.[1]

[Der Suhail-Canopus hat im *Arabs Tischendorfianus* an unserer Hiob-Stelle die Apposition *qalb al-taimân* „Herz des Südens", das ist leuchtendstes Gestirn des Südhimmels. S. Franz Delitzsch, Hiob 2. Aufl. 128 Anm.]

[1]) Hiob 37,17: „Du, dessen Kleider heiß sind, wenn die Erde infolge des Südwinds [träge] ruht." Jes. 21,1: „Gleich Stürmen im Mittagslande,

4. Kapitel. Die Sternbilder.

Ich kann darum der Meinung derjenigen nicht beipflichten, die in dem *cheder* nichts weiter als Vorratsräume oder Kammern sehen, aus welchen, wie man annahm, der Südwind hervorkam.[1]

51. V. *Mezarîm.* Derselbe Vers in Hiob (37,9) enthält auch den Namen eines andern Sternbildes. Sein vollständiger Text lautet: „*Von dem cheder* kommt der Sturm, und von den *mezarîm* die Kälte." Die Ausleger sind über den Sinn des Wortes *mezarîm* nicht einig. Einige leiten es von *zarah* disperdo ab, von dem es ein einfaches Partizip, *disperdentes*, wäre. Sie verstehen also die Winde, die die Wolken *zerstreuen*, darunter. Doch warum Winde, und warum Wolken? Dies ist auch die Meinung von David Kimchi und Schultens, denen sich Gesenius anschließt.[2]

Andere haben bemerkt, daß zwischen den beiden Gliedern des oben angeführten Verses eine Art von symmetrischem Gegensatz besteht; im ersten wird von dem heißen Südwind gesprochen, im zweiten von der Kälte, die nur von Norden kommen kann. Diesen Gegensatz hat schon Luther bemerkt, der übersetzte: *Vom Mittag her kommt das Wetter, und von Mitternacht Kälte.* Ähnlich Diodati: *La tempesta viene dall' Austro, e il freddo dal Settentrione.* Trägt man dieser Tatsache Rechnung, scheint die Annahme natürlich, daß, wenn der *cheder* des ersten Gliedes ein Sternbild im Süden vorstellt, die *mezarîm, die die Kälte bringen*, nichts anderes als ein Sternbild des Nordens sein können: und welches sonst, wenn nicht der Bär oder die Bären?

52. Die LXX übersetzen das zweite Glied ἀπὸ Ἀρκτούρου ψῦχος[3], und die Vulgata übereinstimmend: *ab Arcturo frigus.* Sowohl in dem einen wie im andern Falle liegt es auf der Hand (und schon Grotius hat diese Beobachtung gemacht), daß man hier statt des Arcturus, des hellen Sternes im Bootes, *Arktos*, das ist den Bären, verstehen muß. Es ist dies eine

---

die heranjagen." Sach. 9, 14: „Jahwe wird mit den Sturmwinden aus Süden einherschreiten."

[1]) Eine ausführliche Erörterung über die Bedeutung der Worte *chadrê thêman* findet man in meiner Abhandlung *Interpretazione astronomica di due passi nel libro di Giobbe*, die in der Rivista di Fisica, Matematica e Scienze Naturali (anno 4, no 37) Pavia 1903 erschienen ist.

[[1]) Auch Franz Delitzsch, der *Hiob* 2. Aufl. 484 den arabischen Windnamen *dhârijjât* vergleicht.]

[3]) In Wirklichkeit hat der gewöhnliche Text ἀπὸ ἀκρωτηρίων ψῦχος. Doch haben schon einige Gelehrte, denen sich Gesenius anschließt, bemerkt, daß ἀκρωτηρίων nur ein Schreibfehler für Ἀρκτούρου sein kann (Ges. *Thes.* 430).

Verwechselung, die man häufig bei den in der Uranographie nicht vollkommen unterrichteten Schriftstellern findet[1]: und im vorliegenden Falle kann es nicht zweifelhaft sein. In der Tat kam für die Hebräer, wie für uns, die Kälte von Norden, wie deutlich im Ecclesiasticus[2] versichert wird; und Arcturus, dessen Entfernung vom Himmelsäquator zur Zeit der LXX sich um 32° und zur Zeit der Vulgata um 28° bewegte, konnte nicht zu den nördlichen Sternen gezählt werden. In Anbetracht alles dessen halte ich es für wahrscheinlich, daß die *mezarîm* nichts anderes bedeuten, als die dem arktischen Pol zunächst stehenden Sternbilder, vermutlich den Großen Bären oder beide Bären; denen damals noch besser als jetzt die Richtung der kalten Nordwinde entsprach.[3] Und darum ließ der Verfasser des Buches Hiob angemessen von der Seite, wo die *chadrê thêman*, das große südliche Sternbild, erschienen, den ungestümen und heißen Südwind kommen; und den kalten Nordwind von der Seite, wo man in jeder Nacht die nördlichsten Sterne, die der *mezarîm*, das heißt der arktischen Sternbilder, erblickte.

53. Dies setzt uns in den Stand, eine annehmbare Vermutung in betreff der richtigen Lesung und des Ursprungs des Namens vorzuschlagen, den man heute in dem von den Masoreten punktierten Texte in der Schreibung *mezarîm* liest. Wir weisen zunächst darauf hin, daß die fünf hebräischen Buchstaben, mit denen im ursprünglichen nicht punktierten Texte jener Name geschrieben war, gleich gut mit etwas verschiedener Punktierung *mizrîm* oder auch *mizrajim* gelesen werden können; von diesen beiden Worten ist das eine der Plural, das andere der Dual von *mizreh*. Dieser Name bedeutet nun *Wurfschaufel*, das Werkzeug, mit welchem man das Getreide in die Luft wirft, um es zu reinigen[4]; gleichwie *mezarîm*, ist er von dem

---

[1] Ein frisches Beispiel für die Verwechselung von Arcturus und Arktos gab uns Stoppani in seinem übrigens ausgezeichneten Buche *Sulla Cosmogonia Mosaica* 310, wo es heißt, Arcturus sei ein Stern des Bären.

[2] Jesus Sir. 43, 20: „Die Kälte des Nordwinds läßt er wehen und durch sein eisiges Wehen läßt er 'Eis' gefrieren."

[3] Um 750 v. Chr. war der Pol nicht weit von β und γ des Kleinen Bären entfernt; daher kann man sagen, dieser war dem Pol damals so nahe wie heute. Aber der Große Bär stand damals viel weiter nördlich als jetzt. Am weitesten vom Pol entfernt war von seinen sieben Sternen η, der letzte des Schwanzes ist, und dessen Abstand vom Pol erreichte trotzdem nicht 26 Grad.

[4] Dieser Sinn wird durch den Gebrauch gesichert, den Jesaja 30, 24 und Jeremia 15, 7 von dem Worte machen.

oben angeführten Zeitwort *zarah* abzuleiten, das außer *dispersit* auch *expandit, ventilavit* bedeutet.

Wenn man nun das Siebengestirn betrachtet, kann man leicht sehen, daß man dessen Gestalt ebensogut (oder vielleicht noch besser) mit einer Wurfschaufel als mit einem Bären oder Wagen vergleichen kann. In der Tat kann man den hohlen Teil der Wurfschaufel, in den das Getreide getan wird, nicht übel mit den vier Sternen $\alpha\beta\gamma\delta$ des Vierecks darstellen, während die Sterne $\varepsilon\zeta\eta$ ziemlich gut den Handgriff bilden können. Einer analogen Vorstellung folgend, sahen die alten Chinesen in den sieben Sternen die Gestalt einer Kelle (eines Werkzeugs, das in der Form kaum von der Wurfschaufel abweicht), auch hier mit der Höhlung in $\alpha\beta\gamma\delta$ und mit dem Handgriff in $\varepsilon\zeta\eta$.[1] Die Annahme, daß die Hebräer, ein vorwiegend ackerbautreibendes Volk, die Gestalt der sieben Sterne mit einer Wurfschaufel vergleichen konnten, schwebt also nicht in der Luft.[2]

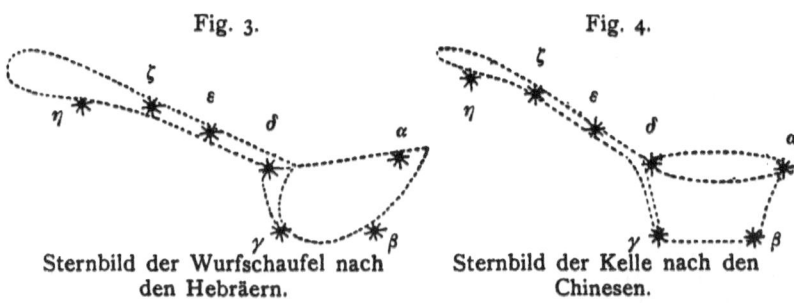

Fig. 3. — Sternbild der Wurfschaufel nach den Hebräern.

Fig. 4. — Sternbild der Kelle nach den Chinesen.

Ziehen wir hieraus die Folgerungen. Wenn man im Texte von Hiob 37,9 *mizreh* lesen könnte, müßten wir darin ohne weiteres die von den Sternen des Großen Bären dargestellte

---

[1]) Im *Schih-king*, der Sammlung der ältesten chinesischen Dichtungen, steht ein Gedicht, in dem der Dichter, nachdem er die Stellung verschiedener Sternbilder in bezug auf seinen Horizont beschrieben hat, so schließt: „nach Norden zu steht die Kelle, die ihren Handgriff nach Westen hin verlängert." Dies tritt ein, wenn der Bär unter dem Pol steht. S. Legge, *The Sacred Books of China* 364, in der von Max Müller herausgegebenen Sammlung *The Sacred Books of the East* Vol. 3.

[2]) Die beigefügten Abbildungen sollen zeigen, in welcher Weise die Sterne des Großen Bären als Wurfschaufel nach der Vorstellung der Hebräer und als Kelle nach der Vorstellung der Chinesen gedeutet werden können. [Man vergleiche auch das babylonische Tierkreisbild des Kohlenbeckens, das aus fünf Sternen besteht, auf der Karte Hommels, Aufsätze und Abhandlungen 3, 1.]

große Wurfschaufel erkennen. Doch da jedenfalls *mizrîm* im Plural oder *mizrajim* im Dual zu lesen ist, begreifen wir sofort, daß es sich hier nicht um eine einzige Wurfschaufel handelt; und da wir ja auch zwei Bären haben, sind beide Lesarten vollkommen am rechten Platze. So gelangen wir zu der Erkenntnis, daß die alten Hebräer außer dem Großen auch den Kleinen Bären kannten, den sie sich ebenfalls unter der Gestalt einer Wurfschaufel vorstellten. Auch dies kann nicht überraschen. Es steht geschichtlich fest, daß die Phönizier (das will besagen, die Kananäer) sich des Kleinen Bären bedienten, um auf dem Meere die nördliche Richtung zu finden; weshalb die Griechen, die dies von ihnen lernten, ihm den Namen Φοινίκη gaben. Wenn jedoch die Hebräer jenes Sternbild auch nicht auf eigene Faust bemerkt hätten (und auf eigene Faust wußten es die Araber zu bemerken), so hätten sie es immer von den Kananäern lernen können, mit denen sie in Palästina mehrere Jahrhunderte hindurch vermischt lebten, bis sie dieselben schließlich aufsogen und ganz mit sich verschmolzen.

Die fünf Buchstaben des hier erörterten Textes, die bisher *mezarîm* gelesen wurden, müssen dafür mit anderer Punktierung *mizrîm* oder *mizrajim* gelesen werden und bedeuten *die Wurfschaufeln* oder *die beiden Wurfschaufeln*, was unsern beiden Bären entspricht. So wird, wenigstens in der Hauptsache, die traditionelle Deutung bestätigt, die uns die LXX und die Vulgata bieten.[1]

54. Außer den obigen Sternbildern müßte man nach einigen Auslegern ein anderes in dem *nachasch barîach* von Hiob 26, 13 erkennen, das *flüchtige Schlange* bedeutet (LXX δράκοντα ἀποστάτην, Symmachus τὸν ὄφιν τὸν συγκλείοντα, Vulgata *coluber tortuosus*). Der himmlische Drache, der sich zwischen den beiden Bären hinschlängelt, kann nicht in Frage kommen. Der Drache gehört tatsächlich zu den künstlichen Sternbildern, die die Alten formten, als sie die Notwendigkeit fühlten, mit schematischen Figuren den ganzen Himmel zu besetzen, um eine leichte Benennung der Sterne zu ermöglichen; er tritt wenig hervor, wie auch die beiden andern Schlangen des Himmels, die Schlange des Ophiuchus und die Hydra, nur wenig hervortreten und bloß zur Ausfüllung dienen. Übrigens wird derjenige, der die an-

---

[1]) Etwas eingehender habe ich die Frage der *mezarîm* behandelt in meiner Abhandlung *Interpretazione astronomica di due passi nel libro di Giobbe*, in Band 4 der Rivista di Fisica, Matematica e Scienze Naturali (Pavia 1903).

geführten Worte aus Hiob 26,13 mit der übrigen Rede, die vorangeht und folgt, vergleichen will, es nicht wahrscheinlich finden, daß hier auf eine Sterngruppe oder auch auf irgend einen astronomischen Mythus angespielt wird.[1]

55. An zwei andern Stellen in Hiob (9,13 und 26,12) findet sich der Name *rahab*, welcher von verschiedenen Auslegern verschieden verstanden wird. Das Wort hat im allgemeinen den Sinn Wildheit, Frechheit, Übermut und wird manchmal gebraucht, um symbolisch Ägypten zu bezeichnen.[2] Die LXX haben an der ersten der zwei Stellen κήτη τὰ ὑπ' οὐρανόν, an der zweiten κῆτος. Daher meint Reuß, es handle sich um einen astronomischen Mythus, Renan nennt geradezu das Sternbild des Walfisches, beides, wie es scheint, mit wenig Grund.[3] Übrigens ist auch hier entgegenzuhalten, daß der Walfisch nicht eine natürliche Gruppe von Sternen ist, die sofort ins Auge fällt: er ist im Gegenteil ein künstliches Sternbild, das erfunden ist, um viele wenig deutliche und unregelmäßig über einen großen Himmelsstrich zerstreute Sterne zu einem Ganzen zu vereinigen. Es kann also der *Rahab* ein fabelhaftes Ungeheuer, wie *Leviathan* oder *Behemoth*, sein; doch es scheint nicht leicht, für ihn irgend eine Beziehung zum gestirnten Himmel aufzufinden. Unten[4]

---

[1] Budde und Duhm verstehen, wie schon Franz Delitzsch, unter der *Schlange* unter Berufung auf Jes. 27,1 und Hiob 3,8 den Leviathan. Budde: Es handelt sich um die Befreiung der himmlischen Lichtkörper von dem Drachen, der sie verschlungen hat — ein Glaube, der über die ganze Erde, z. B. in Indien, China, Nordafrika, verbreitet ist, um die Finsternisse zu erklären — damit um neue Spendung des Himmelslichtes, also eine Tat der Weltlenkung, entsprechend der in der ersten Vershälfte. Duhm: die Wolkenschlange, die den Kosmos wieder ins Chaos herunterzuziehen droht.]

[2] Ps. 87,4; 89,11; Jes. 30,7. S. Gesenius, *Thes.* 1267 [Hommel, Aufsätze und Abhandlungen 3,1 307, 309.]

[3] Gesenius 1268 macht die zutreffende Bemerkung, daß τὰ ὑπ' οὐρανόν, das heißt die Dinge, die *unter dem Himmel* sind, *irdische* Dinge sind, wie auch die Dinge *unter der Sonne* und die sublunaren Dinge.

[4] LXX κήτη τὰ ὑπ' οὐρανόν, Symmachus οἱ ἐπερειδόμενοι ἀλαζονείᾳ, Vulgata *qui portant orbem*, Luther *die stolzen Herren*, Diodati *i bravi campioni*, Philippson *des Widerstandes Stützen*, Reuß *des Drachen Bundesgenossen*, Renan *la milice du Dragon (Baleine?)*, Delitzsch [Kautzsch, Budde, Duhm] *die Helfer des Rahab*. S. Gesenius 1267—1268. [Gunkel, Schöpfung und Chaos (Göttingen 1895) 38. Hommel, Ausland Jg. 64 (1891) 226, 272; Jg. 65 (1892) 72 (= Aufsätze und Abhandlungen 3,1 360, 369, 406): die große sich um die größere Hälfte der Tierkreisbilder windende Schlange, d. i. die von der Milchstraße bezeichnete, an den Himmel versetzte Urwasserschlange Tiâmat der babylonischen Kosmogonie, die nebst ihren

sind die sehr verschiedenen Deutungen aufgeführt, die verschiedene Schriftsteller der Phrase ʿozerê rahab in Hiob 9, 13 geben; aus ihrer Vergleichung kann man ersehen, eine wie große Unsicherheit hier herrscht.

56. Eigentlich findet man demnach im Alten Testamente eine sichere Bezeichnung nur für sechs Sternbilder, die mehr oder weniger einleuchtend mit den folgenden gleichzusetzen wären: mit dem Großen Bären, dem Kleinen Bären, den Hyaden samt Aldebaran, Orion, den Plejaden und den sogenannten *Kammern des Südens*.[1] Der Große Bär, die Hyaden, Orion und die Plejaden finden sich auch in Homer und allgemein in fast allen primitiven Kosmographien. Auf die *Kammern des Südens* dagegen spielt Homer nicht an, welcher, da er unter einer höhern Breite (ungefähr 38⁰) lebte, von jenen Sternen den einen (z. B. Canopus) nicht sehen konnte und andere zu tief und in die Dünste des Horizonts eingetaucht sah.

---

elf Helfern (den Tierkreisbildern nach Eliminierung des Stiers, vgl. den Traum Josephs Gen. 37, 9) vom Stier als dem Symbol des Sonnengottes besiegt wurde.]

[1] Die Unsicherheit, die auf diesem schwierigen Gebiete herrscht, wird vielleicht am besten durch Anführung der Vorschläge Stuckens, *Astralmythen* (Leipzig 1896) 30 ff., illustriert: *kîmah* = assyr. kaimanu, Orion; *kesîl* = ägyptisches Sternbild des Schenkels (Großer Bär?); ʿajisch, entstellt aus ʿeres Lade, Bett: Hiob 38, 31 „Und *tröstest du* (*tenachem* statt des masoretischen *tanchem*) die *Totenbahre* mitsamt ihren Kindern" = ägyptisches Sternbild der Bahre. — Winckler KAT 414 schlägt für Hohesl. 6, 4, 10 die Textkorrektur *Nergalôth* = Zwillinge vor; in der Geschichte von Jephthas Tochter Richt. 11 findet er (AO 43 f.) Beziehungen zum Sternbild der Jungfrau. Von *schibbôleth* Ähre (Richt. 12, 6) möchte er den Namen Sibylle ableiten: Clemens Alexandrinus hat freilich eine dunkle Überlieferung aufbewahrt, nach der das im *Monde* erkennbare Gesicht die Seele der Sibylle sein soll (Opera ed. Sylburg 304 D.) — Zwei weitere Sternnamen vermutet Hommel, Aufsätze und Abhandlungen 3, 1 432 Anm., in *Henaʿ* und *ʿIwwâ* (2. Kön. 18, 34), gleich der 6. und 13. arabischen Mondstation.]

Fünftes Kapitel

Mazzaroth

Mazzarôth oder *Mazzalôth* — Verschiedene Deutungen dieses Namens — Kann nicht der Große Bär sein — Bezeichnet wahrscheinlich die beiden Phasen der Venus — Vergleichung eines biblischen Ausdruckes mit einigen babylonischen Denkmälern — Nochmals *das Heer des Himmels*.

57. Die beiden Worte *Mazzarôth* und *Mazzalôth* scheinen mit unbedeutender Verschiedenheit der Aussprache auf den gleichen himmlischen Gegenstand oder auf das gleiche System himmlischer Gegenstände hinzuweisen.[1] Bei Hiob (38, 31—32) steht der Name *Mazzarôth* neben verschiedenen Sternbildern; die ganze Stelle lautet: „Vermagst du die Bande der Plejaden zu knüpfen oder die Fesseln des Orions zu lösen? Führst du die *Mazzarôth* heraus zu ihrer Zeit und leitest du die '*Ajisch* samt ihren Jungen?" — Im 2. Buche der Könige (23, 5) liest man von König Josia, daß er diejenigen ausrottete, „welche dem Baal, der Sonne, dem Monde, den *Mazzalôth* und dem ganzen Heere des Himmels räucherten".

Die alten Übersetzungen leisten uns wenig Beistand zur Erklärung dieser Worte: und man muß sagen, daß bereits die LXX ihre Bedeutung nicht kannten, da sie an beiden Stellen nicht übersetzten, sondern einfach μαζουρώθ umschrieben. Wir haben auch Grund zu der Annahme, daß es Aquila ebenso machte. Die Vulgata hat an der ersten der beiden Stellen *Luciferum*, an der zweiten *duodecim signa*. Symmachus übersetzte σκορπισθέντα.[2] Der hl. Johannes Chrysostomus erklärt

---

[1] Die Autorität der LXX und Aquilas, die μαζουρώθ umschrieben haben, scheint der ersten Art der Aussprache den Vorzug zu geben.

[2] Sicher von σκορπίζω, spargo, disperdo; es wären also die zerstreuten Sterne oder Sternbilder. Man sieht, daß Symmachus *Mazzarôth* von der Wurzel *zarah* ableitete, welche *sparsit, dispersit, dissipavit* bedeutet.

Mazzaroth oder Mazzaloth.

mit vielen andern ζῴδια, doch bemerkt er, daß nach andern μαζουρώϑ der himmlische Hund, das heißt Sirius, sei.

58. Auch ist es nicht ganz sicher, ob es sich um ein einziges Ding oder um mehrere Dinge handelt. Die Endung ôth scheint eher auf eine Mehrzahl hinzuweisen, und diese Ansicht wird von den meisten Auslegern geteilt. Gleichwohl ist zu bemerken, daß bei Hiob 38, 32 der masoretische Text liest: *ha-thôçî mazzarôth be-'ittô*, und genau dem entsprechend die LXX ἦ διανοίξεις μαζουρώϑ ἐν καιρῷ αὐτοῦ; was sich auf deutsch nur wiedergeben läßt: *führst du Mazzarôth heraus zu seiner Zeit?* Hier wird augenscheinlich *Mazzarôth* als ein einziges Ding angesehen. Man könnte also dies Wort als eine Mehrzahl der Form, aber nicht der Bedeutung nach auffassen, ein Fall, der in der hebräischen Sprache ziemlich häufig vorkommt.[1] Betrachten wir die Sache von diesem Gesichtspunkte aus, so wird die Annahme nicht mehr abgeschmackt sein, daß *Mazzarôth* auch ein einzelnes Gestirn bezeichnen könne. Wenn wir demnach im 2. Buche der Könige die Reihe ... *Sonne, Mond, Mazzalôth und das ganze Heer des Himmels* lesen, so liegt der Gedanke nahe, daß *Mazzalôth* das hellste Gestirn nächst Sonne und Mond sei, das als solches verdiente, von dem ganzen Heere des Himmels unterschieden zu werden; mit andern Worten: daß es der Planet Venus sei, wie die Vulgata annimmt, und wie auch Theodoret meinte. Nicht gleich gut begründet, doch immerhin noch verständlich, wird die vom hl. Johannes Chrysostomus angedeutete Ansicht erscheinen, nach der *Mazzalôth* = Sirius zu setzen ist. Sirius ist in der Tat der leuchtendste von allen Sternen im engern Sinn.

59. Zu einem ganz andern Ergebnis gelangt man, wenn man die Beziehung untersucht, in welcher *Mazzarôth* zu dem Sternbild *Mezarîm* stehen kann, das man, wie wir in den obigen Erörterungen §§ 51—53 sahen, aus ziemlich annehmbaren Gründen mit den beiden Bären identifizieren kann. Schon der berühmte Aquila, der im 2. Jahrhundert n. Chr. das Alte Testament ins Griechische übersetzte, hat diese Beziehung als vollständige Identität aufgefaßt. In den Bruchstücken, die uns von dieser Übersetzung erhalten sind, gibt er *Mezarîm* durch μαζούρ wieder, das sich von dem μαζουρώϑ der LXX wie die Einzahl von der Mehrzahl unterscheidet. Auch der große

---

[1] Bekannte Beispiele: *Elohîm* Gott, *schamajim* Himmel, *majim* Wasser, die alle die Pluralendung haben.

Kommentator Abraham Ibn Esra hat die Identität von *Mezarîm* und *Mazzarôth* für wahrscheinlich gehalten, und noch Diodati hat, wie es scheint, hierauf sich stützend, *Mazzarôth* durch „segni settentrionali", nördliche Zeichen, übersetzt. Und wirklich lassen sich beachtenswerte Gründe, welche der Analyse der beiden Worte, wie sie im unpunktierten Texte geschrieben werden, entnommen sind, zu Gunsten einer solchen Gleichsetzung anführen. Nichtsdestoweniger steht fest, daß, nimmt man unsere oben § 53 vorgebrachten Folgerungen an, nach denen *Mezarîm* (oder vielmehr *Mizrajim*) die beiden Bären bedeutet, die in Frage stehende Identität vollkommen ausgeschlossen werden muß. Wie beschaffen auch das Gestirn oder die Klasse von Gestirnen sein mag, welche die Bibel mit dem Namen *Mazzarôth* bezeichnet, so viel ist sicher, es kann kein Circumpolarstern noch ein Haufe von Circumpolarsternen sein. In der Tat sagt der hebräische Text: Führst du *Mazzarôth* heraus zu *seiner* Zeit? Es war also *Mazzarôth* ein Gestirn oder ein Sternbild oder ein Ganzes von Gestirnen, das periodischen Erscheinungen unterworfen, demnach nicht immer sichtbar war, das *hervorkam* (das ist über dem Horizonte aufging) *zu bestimmter Zeit*. Nun läßt sich hiervon nichts von den *Mezarîm* oder *Mizrajim* sagen, falls man annimmt, daß es die Bären sind: denn diese waren zur Zeit Hiobs beide für die Breite Palästinas völlig circumpolar. Daher konnten sie zu keiner Zeit *hervorkommen;* weil sie eben beständig vom Abend bis zum Morgen in jeder klaren Nacht sichtbar waren, konnte man von ihnen nicht sagen, daß sie ihre Erscheinungen zu bestimmter Zeit wiederholten.

60. Für das Wort *Mazzarôth* scheint die Etymologie des Symmachus[1] und anderer, die vom Verbum *zarah* (*dispersit, dissipavit, ventilavit*) abgeleitet ist, keinen wahrscheinlichen Schluß zu erlauben. Doch eine andere läßt sich dem Verbum *azar* entnehmen, das die Bedeutung *cinxit* hat; daher *azôr* (Gürtel) und *maazarôth* (als Gürtel geformte). Es wären demnach Sterne oder Sterngruppen, die so angeordnet sind, daß sie einen Gürtel oder einen Kranz bilden. Deshalb haben schon alte jüdische Ausleger jenes Wort durch *rosa siderum* oder *zona siderum*[2] erklärt: andere jüngere haben den Einfall ge-

---

[1] S. oben § 57.
[2] So eins der *Targûmîm* oder aramäischen Paraphrasen der ersten Jahrhunderte n. Chr. (angeführt von Gesenius 869, 1).

habt, die Nördliche Krone oder den Gürtel des Orions heranzuziehen. Doch jene scheint nicht ein hinreichend wichtiges und auffälliges Sternbild zu sein, um hier in Frage zu kommen: und was den Gürtel des Orions betrifft, so ist er sicher durch den Umstand ausgeschlossen, daß der ganze Orion unmittelbar vor *Mazzarôth* an der eben angeführten Hiobstelle (38, 31—32) genannt wird. — Es gibt jedoch am Himmel einen andern Gürtel oder Kranz, der viel wichtiger ist. Er wird von den Sternbildern gebildet, die am Himmel den Lauf der Sonne und des Mondes bezeichnen; es ist der Streifen der Tierkreisbilder, die in der alten Astronomie und noch mehr in der Astrologie eine so große Bedeutung hatten. Daher stammt vielleicht die von der Vulgata[1] und von Chrysostomus vertretene Ansicht, daß die *Mazzarôth* geradezu die zwölf Zeichen des Tierkreises seien; eine Ansicht, die sich später weit verbreitete und schließlich von der Mehrzahl der Ausleger angenommen wurde.

Gesenius (*Thes.* 869—870) gründet die Deutung von *Mazzarôth* als Zeichen des Tierkreises hauptsächlich auf die Autorität der hebräischen und chaldäischen Überlieferung. Er weist die oben angeführte Bedeutung *Gürtel* oder *Kranz* zurück und behauptet, die einzig mögliche Bedeutung *ex certo linguae Hebraicae et Arabicae usu* sei *Warnung* und in konkretem Sinne *warnende Gestirne*. Er leitet diesen Sinn von der Wurzel *nazar* ab, die unter anderm auch die Bedeutung hat: jemand *darauf aufmerksam machen*, daß er etwas nicht tun soll. Die Erklärung scheint ziemlich weit hergeholt zu sein; überdies erlaube ich mir zu bemerken, daß die vorzugsweise *warnenden Gestirne* in diesem Falle nicht die 12 Zeichen wären, sondern die 7 Planeten, die Grundlage aller Astrologie. Doch die Planetenhypothese wird von Gesenius ausdrücklich zurückgewiesen.

61. Ferner ist zu bemerken, daß in betreff der Zeit und des Volkes, bei welchem der Tierkreis erfunden wurde, noch alles gegenwärtig in Zweifel und Geheimnis gehüllt ist.[2] Bei

---

[1] 2. Kön. 23, 5.
[2] In den letzten Jahren glaubte man, ihn auf assyrisch-babylonischen Denkmälern entdeckt zu haben, die viel älter sind als alles das, was Griechenland auf diesem Gebiete hat hervorbringen können. In Wirklichkeit ist man so weit gelangt festzustellen, daß unter den vielen Figuren, die, wie man annimmt, auf jenen Denkmälern ebensoviele Sternbilder des babylonischen Himmels vorstellen, drei oder vier dem

dem gegenwärtigen Stande unserer Kenntnisse vermag niemand zu beweisen, daß der Tierkreis und seine zwölf Zeichen schon zu der Zeit bekannt waren, in der Josia in Jerusalem die *Mazzalôth*-Verehrung ausrottete (621 v. Chr.). Wenn dieses Wort jemals die Bedeutung *Kranz* oder *Gürtel* von Sternbildern, der den ganzen Himmel umgibt, gehabt hat, so erhielt es dieselbe, nicht weil es die zwölf Zeichen, sondern vielmehr weil es die 28 Mondhäuser vorstellte, deren Beobachtung unvergleich bequemer ist und in gewisser Weise von der Natur nahe gelegt wird, während die Einteilung der zwölf Zeichen völlig konventionell ist. Deshalb finden sich die Mondhäuser in den primitiven Astronomien Asiens, nicht nur bei den Semiten Arabiens (und vielleicht Babyloniens), sondern ferner schon bei den Indern der vedischen Zeit und bei den Chinesen der ersten Dynastien. Die Hebräer, die zu allen Zeiten ihrer Existenz als Nation in häufiger Berührung mit den Semiten sowohl Mesopotamiens als auch Arabiens standen, konnten leicht die Kenntnis der Mondhäuser von ihnen entlehnen.

Diese Hypothese kann durch die Bedeutung des Wortes selbst gestützt werden, wenn man annimmt, daß *Mazzalôth* seine richtige Aussprache ist. In der Tat kann es von der Wurzel *nazal* abgeleitet werden, welche zwar nicht im Alten Testament, wohl aber bei den arabischen Schriftstellern mit der Bedeutung *descendit, devertit* vorkommt; dann erhält Mazzalôth den Sinn *Reisestationen* und paßt vollkommen auf eine Reihe von Sterngruppen, die alle von Tag zu Tag die vom Mond in 24 Stunden längs seiner scheinbaren Bahn durchlaufenen Himmelsstriche bezeichnen. Diese Benennung *Reisestationen* würde wenig auf die Zeichen des Tierkreises passen; denn diese sind eine willkürliche und konventionelle Einteilung, die nicht von der Notwendigkeit der täglichen Ruhe bestimmt ist, welche die Grundidee der Mondstationen bildet. Diese Deutung von *Mazzalôth* würde ferner auch vom Sprachgebrauch der Araber bestätigt, die seit unvordenklicher Zeit ihren Mondhäusern[1] den Namen

---

griechischen Tierkreis angehören. Ein richtiger babylonischer Tierkreis von höherm Alter als der griechische, das heißt eine Reihe von 12 in gleichen Zwischenräumen längs des jährlichen Laufes der Sonne angeordneten Sternbildern, ist, soweit ich weiß, noch nicht bekannt. Die Frage der Entstehung des Tierkreises wird gerade augenblicklich unter tüchtigen Gelehrten verhandelt und kann nicht in Kürze erörtert werden.

[1]) Über die Mondstationen der Araber findet man ausführliche Nachrichten bei Ideler, Sternnamen 120 und 287.

manâzil al-qamar, das ist Stationen des Mondes, geben. Nun ist *manâzil* die Mehrzahl von *manzil* (Station, Gasthof), einer Ableitung der oben angeführten arabischen Wurzel *nazal*, die *descendit, deversatus est* bedeutet. Daher wäre die Identität des hebräischen *Mazzalôth* mit dem arabischen *Manâzil* nicht zweifelhaft, wenn man nur sicher wäre, daß das alte Hebräische die Wurzel *nazal* im selben Sinne gebrauchte, in welchem sie das Arabische anwendet.[1]

Doch es entscheidet eine Beobachtung, der man, wie es scheint, nicht genügende Beachtung geschenkt hat. Nach dem 2. Buche der Könige (23,5) wurden, wie der Sonne und dem Monde, auch *Mazzalôth* göttliche Ehren erwiesen: der Ursprung dieses Kultus kann nirgends außer in Babylonien gesucht werden. Nun läßt uns das, was wir vom Gestirndienst der Babylonier wissen, keine Spur einer Anbetung entdecken, die sie den Zeichen des Tierkreises oder den Mondstationen dargebracht hätten. Dies genügt, um uns jede Möglichkeit zu nehmen, die einen oder die andern unter den Worten *Mazzarôth* oder *Mazzalôth* zu verstehen.

62. Bei weitem vorzuziehen wäre in dieser Hinsicht die Hypothese, nach der die in Frage stehenden Worte die fünf größern Planeten bezeichnen. Über die Verehrung, welche der eine von ihnen in Palästina erhielt, besitzen wir ein positives Zeugnis bei Amos[2]; und dies macht wahrscheinlich, daß ähnliche Ehren auch andern erwiesen wurden, umsomehr als alle in Babylon und Ninive unter die größern Gottheiten versetzt wurden. Überdies ist die Stellung, die im 2. Buche der Könige *Mazzalôth* hinter Sonne und Mond angewiesen wird, gerade passend für den außergewöhnlichen Glanz jener Gestirne, namentlich der Venus, des Jupiter und des Mars. Auf die Planeten könnte man wirklich im astrologischen Sinne die Eigenschaft von *warnenden Gestirnen* anwenden, die der von Gesenius vertretenen Etymologie entspricht. Auch den Planeten wurde bisweilen in der rabbinischen Literatur der Name *Mazzalôth* in

---

[1]) Diese Wurzel *nazal* wird von Gesenius in seinem *Thesaurus* nur in dem einen Sinn *fluxit, manavit* zugelassen. Dagegen läßt Leopold in seinem Handwörterbuch außerdem noch den andern *descendit, deversatus est* zu; wahrscheinlich mit Rücksicht auf *Mazzalôth*, das er durch *deversoria Solis, id est duodecim zodiaci signa* erklärt. [Ebenso Fürst.]

[2]) Amos 5,26. S. oben § 35.

der Bedeutung Schicksalssterne beigelegt.[1] Schließlich kann man noch bemerken, daß auf die Planeten der in Hiob 38, 32 gegebene Hinweis auf regelmäßige Perioden der Erscheinung paßt.

Fox Talbot, einer der Erfinder der photographischen Kunst und auch einer der ersten Jünger der Assyriologie, wandte seinen Scharfsinn auch der vorliegenden Frage zu.[2] Er vergleicht *Mazzarôth* mit dem assyrischen Worte *maç(ç)artu* Wache. *Mazzarôth* wären also die Sternbilder, die mit ihrem successiven Aufgang über dem Horizont oder besser mit ihrem successiven Kulminieren im Meridian die Nachtwachen bezeichneten. — Betreffs dieser Ansicht kann man anführen, daß im Assyrischen *maçartu* von dem Zeitwort *naçâru* bewachen abgeleitet ist. Nun kommt das nämliche Zeitwort in der gleichen Form *naçar* und in gleicher Bedeutung auch im Hebräischen vor, wie man aus Gesenius ersehen kann. Es wäre also möglich, im Hebräischen davon *maççarôth* in der Bedeutung Wachen abzuleiten, wie *maçartu* in derselben Bedeutung von *naçâru* abgeleitet ist. Mehr als die von Talbot vorgeschlagene Bedeutung: Sternbilder, welche die Nachtwachen bezeichnen, scheint die ursprüngliche und einfache Bedeutung *Wachen* mit der Natur der analogen in der hebräischen Sprache gebräuchlichen Ableitungen übereinzustimmen.[3] — Auch ist zu bemerken, daß das Problem, in jedem Augenblick der Nacht mit einziger Hilfe der Sternbilder die Stunde zu wissen, nicht so einfach ist, wie mancher sich wohl denkt, und eine andauernde Beschäftigung mit dem Himmel

---

[1]) So Riehm, *Handwörterb. des Bibl. Altertums* 2. Aufl. 1574. [Im Talmud: *En mazzal le-Jisrael*, Israels Geschick hängt nicht vom *Planeten* ab; jüdisch-deutsch *Massel* = Glück.]

[2]) *Transactions of the Society of Biblical Archaeology* Vol 1 (1872), 339—342. [Auch Franz Delitzsch, *Das Buch Job*, 2. Aufl. (Leipzig 1876) 502 billigt die Ableitung Talbots, setzt aber *maçartu* Wache = Station, Mondhaus. Zimmern KAT 628 führt es zurück auf babyl. *manzaltu* (aus *manzaztu* von *nazazu* stehen) = Standort (der Sterngötter).]

[3]) Beschränken wir uns allein auf die Zeitwörter derjenigen Klasse, zu welcher *naçar* gehört, so haben wir die folgenden Ableitungen zur Vergleichung:

maggephah Plage von *nagaph* schlagen
mattarah Gefängnis von *naçar* bewachen
massekhah Guß von *nasakh* gießen
mappalah Trümmer von *naphal* fallen
maççabah Posten von *naçab* stellen
maqqabah Grube von *naqab* bohren
maschscha'ah Schuld von *nascha'* leihen
mattanah Gabe von *nathan* geben.

und seinem Aussehen in allen Jahreszeiten erfordert. Und es ist sehr zu bezweifeln, ob die astronomische Wissenschaft jemals in den assyrischen Heeren (und im allgemeinen in jedem antiken und modernen Heere) eine solche Höhe erreicht hat, daß diese Weise, die Ablösung der Wachen zu bestimmen, möglich gewesen wäre. Wahrscheinlich gebrauchte man hierzu irgend ein Mittel, das auch bei bewölktem Himmel anwendbar war; vielleicht genügte hierzu auch die lange Gewohnheit, die Zeitdauer ohne irgendwelchen fremden Beistand abzuschätzen.

63. Gleichwohl steht fest, daß, wenn man mit Talbot die Form *maçarôth* statt *Mazzarôth* annimmt und das Zeitwort *naçar* als ihre Wurzel ansieht, die davon naturgemäß abgeleitete Bedeutung Wachen oder Posten zu einer hinlänglich annehmbaren Erklärung führen kann, falls man unter den Gestirnen irgend etwas findet, das jener Bedeutung entspricht. Dieser Forderung genügten z. B. die beiden Bären, von denen man sagen kann, sie wachen beständig am Himmel, und die auch als Wachen des himmlischen Pols angesehen werden können. Doch es ist schon oben dargelegt worden, daß hier beständig sichtbare Sterngruppen nicht in Frage kommen können, da *Mazzarôth* in bestimmten Perioden hervorkommen muß (§ 59). Dagegen genügen allen Bedingungen zwei außerordentlich auffallende Gestirne, die abwechselnd *Wachen* der Sonne sind, das eine, indem es ihr morgens beim Aufgang vorangeht, das andere, indem es ihr abends beim Untergang folgt: der Morgen- und Abendstern. Wir werden also auf diesem Wege zu der Erklärung zurückgeführt, die die Vulgata in Hiob 38, 32 gibt, und die auch Theodoret angenommen hat: nämlich in den *Mazzarôth* die Morgen- und Abenderscheinungen der Venus zu erkennen. Trotz der geringen Beachtung, welche die angesehensten Ausleger dieser Ansicht geschenkt haben, sprechen verschiedene andere Gründe zu ihren Gunsten und machen sie wahrscheinlicher als jede andere.

I. Diese Hypothese ist die einzige, bei der man die Pluralform des Namens mit dem Gebrauche vereinigen kann, welcher in Hiob 38, 32 von ihm als einem einzelnen Dinge in der Einzahl gemacht wird. Da der Planet Venus sich scheinbar in den Morgen- und Abendstern verdoppelt, kann er von Anfang an einen Namen in der Mehrzahl[1], nämlich *Mazzarôth*, erhalten

---

[1]) In Wahrheit könnte man einen Dual erwarten; doch er ist nicht unbedingt nötig. Z. B. werden die beiden mosaischen Gesetzestafeln im Alten Testament immer im Plural *(lûchôth)* und niemals im Dual

haben. Als man seine Identität in den beiden Erscheinungen, der morgendlichen und abendlichen, entdeckte, wurde er natürlich als ein einziges Gestirn angesehen und daher vom Verfasser des Buches Hiob als Singular in Pluralform gebraucht.

II. An der Stelle Hiob 38, 32 liest man: Führst du *Mazzarôth* heraus zu *seiner* Zeit? eine Redewendung, die klar auf ein Gesetz periodischer Erscheinung hinweist. Nun ist es richtig, daß nicht nur die Tierkreissterne, sondern im allgemeinen alle nicht circumpolaren Sterne periodisch während des Jahres bei ihrem heliakischen Aufgang erscheinen; doch die besondere Hindeutung auf eine Periode, die sich hier findet, scheint etwas anderes zu bezeichnen als das, was mit den Sternen im allgemeinen vor sich geht. Ja, da in der Rede des Kapitels 38 Gott Hiob eine Reihe von Dingen vorführt, welche dem Menschen unmöglich sind, und deren Geheimnis der Gottheit vorbehalten ist, könnte man auch annehmen, daß das Herausführen des Gestirns *zur rechten Zeit* einen Teil der geheimen Wissenschaft bildet, die der Mensch nicht erreichen kann.

III. An der Stelle 2. Könige 23, 5 wird von denen gesprochen, die *der Sonne, dem Mond, Mazzalôth und dem ganzen Heere des Himmels* räucherten. Hier steht *Mazzalôth* hinter Sonne und Mond, wird aber mit ihnen von *dem ganzen Heere des Himmels* unterschieden. Die natürlichste und wahrscheinlichste Annahme ist, daß *Mazzalôth* dasjenige Gestirn des Himmels ist, welches nächst Sonne und Mond den größten Glanz hat und von den übrigen Sternen durch eine tiefe Kluft getrennt ist: so werden wir unausweichlich auf Venus geführt, die nach Sonne und Mond das einzige Gestirn ist, welches imstande ist, Schatten hervorzubringen.

IV. Die Erwähnung der drei Gestirne Sonne, Mond und *Mazzarôth*, die gesondert als die drei Hauptgestirne des Himmels angesehen werden, hat ihre spezielle Bedeutung in einem Kultus, der zu den Hebräern von jenseits des Euphrat kam und wahrscheinlich mit dem Einfall der Assyrer eingeführt wurde. Sonne, Mond und Venus nahmen tatsächlich im Pantheon der mesopotamischen Völker eine hervorragende Stellung ein. Auf sehr

---

genannt. Daß anfänglich in Babylonien die beiden Phasen der Venus als zwei verschiedene Gestirne angesehen wurden, kann durch eine beträchtliche Anzahl von Denkmälern bewiesen werden. Dasselbe läßt sich auch von den ältesten Ägyptern belegen; und was die Griechen betrifft, so berichtet eine Überlieferung, Pythagoras sei der erste gewesen, der erkannte, daß Morgen- und Abendstern ein und dasselbe Gestirn sind.

vielen Skulpturen, die aus den assyrischen und babylonischen Ausgrabungen stammen, und besonders dort, wo sich irgend eine auf die Religion bezügliche Idee kund gibt, findet man die Zeichnung einer Dreiheit von Gestirnen (sicherlich Sinnbildern der entsprechenden Gottheiten); jedes von ihnen hat seine Gestalt, die sich in allem identisch im selben Typus wiederholt. Die Gestirne sind Sonne, Mond und Venus; sie treten uns in folgender Gestalt entgegen.

Fig. 5.

Sin (Mond)   Šamaš (Sonne)   Ištar (Venus).

Diese drei Figuren finden sich häufig auf den in Basrelief gemeißelten Bildnissen der assyrischen Herrscher, die wir besitzen[1]; sie stehen vor ihnen in der Reihe der Sinnbilder ihrer Schutzgottheiten. Die gleichen finden sich auch auf einigen mit figürlichen Darstellungen geschmückten Stelen, die wir von den babylonischen Herrschern besitzen.[2] Und sie kommen schließlich noch auf einer andern viel zahlreichern Klasse von Denkmälern vor, nämlich auf gewissen Stelen oder Steinen, die nach einer weit verbreiteten Ansicht als Grenzsteine oder viel-

---

[1]) Man vergleiche das Porträt in Basrelief des Assurnasirpal (884—860 v. Chr.), das seines Sohnes Salmanassar II. (859—825 v. Chr.) und das seines Enkels Samsi-Adad IV. (824—811 v. Chr.), abgebildet in den *Transactions of Biblical Archaeology* Vol. 5 224 und 278, und Vol. 6 88. Man vergleiche auch das Basrelief des Asarhaddon, das in den Ausgrabungen von Sendschirli in Cilicien gefunden ist, jetzt in Berlin; abgebildet bei C. Bezold, *Ninive und Babylon* 3. — Auf den assyrischen Denkmälern ist die Gestalt der Sonne etwas verschieden von der der babylonischen Denkmäler, welche oben in der zweiten Figur wiedergegeben ist. — [Den Kreis zwischen den Hörnern des Neumonds erklärt Clermont-Ganneau (*Journal Asiatique* 1883, 1 139 Anm.) als Darstellung des sogenannten aschgrauen Lichtes (lumière cendrée), des von der Erde zurückgeworfenen Sonnenlichtes; vgl. auch Nielsen, *Mondreligion* 183.]

[2]) Ich will zwei Beispiele solcher Stelen anführen. Die eine von Nebukadnezar I. (ungefähr 1130 v. Chr.), abgebildet bei Rawlinson, *The Cuneiform Inscriptions of Western Asia* Vol. 5 pl. 57. Die andere von Nabupaliddin (ungefähr 860 v. Chr.), gefunden in den Ruinen von Sippar und abgebildet bei Hommel, *Geschichte Babyloniens und Assyriens* 597; sie stellt ein vom König dem Sonnengott gebrachtes Opfer dar.

mehr als öffentliche Besitzurkunden errichtet wurden, welche unverletzlich waren, und deren Entfernung mit den schrecklichsten, auf den Stelen selbst eingegrabenen Flüchen bedroht wurde. Diese Denkmäler, deren Zahl sehr groß gewesen sein muß (bis jetzt sind ungefähr 30 gefunden)[1], tragen eine Scene oder figürliche Darstellung, die an der hervorragendsten Stelle[2] die drei oben beschriebenen Sinnbilder des Mondes, der Sonne und der Venus enthält, und zwar meist in der Reihenfolge, daß dem Mond die erste, der Sonne die zweite, der Venus die dritte Stelle gegeben wird. Unter ihnen (oder um sie herum, wenn die Darstellung kreisförmige Gestalt hat) sind verschiedenartige Figuren: eine große Schlange, ein Skorpion, phantastische Ungeheuer, die zuweilen schrecklich anzuschauen sind; ein geflügelter Centaur im Begriff zu schießen, ein Ziegenbock mit Fischschwanz; dazu verschiedene Embleme einfachern Charakters, Altäre, auf denen Tiaren oder Lanzenspitzen stehen; eine Lampe, ein Pfeil, ein Stab und andere schwer zu erklärende Gegenstände, die in größerer oder geringerer Zahl auf jedem Denkmal eingehauen sind. Im ganzen kennt man bis jetzt ungefähr 40 Figuren, von denen sich die eine häufiger, die andere seltener wiederholt.

64. Was diese Figuren bedeuten, ist klar in einigen der Inschriften bezeugt, die sie zu begleiten pflegen[3]; sie sind nichts anderes als Embleme oder Symbole von Gottheiten oder übernatürlichen Wesen, deren Schutz die Unverrückbarkeit und Erhaltung des Denkmals empfohlen wurde. Jedoch nicht Sinnbilder beliebiger Gottheiten. Wenn man jene Figuren aufmerksam prüft, entdeckt man in der Tat, daß einige unter ihnen eine gewisse Ähnlichkeit mit Figuren haben, welche die Sternbilder der griechischen Sphäre vorstellen, und bisweilen eine noch größere Ähnlichkeit mit der sogenannten *barbarischen*

---

[1] S. Hommel, Aufsätze und Abhandlungen 3, 1 434 ff.]

[2] Wenn die Darstellung in einfacher Reihe angeordnet, am Anfang dieser Reihe; ist sie kreisförmig angeordnet, im Mittelpunkt.

[3] Auf einer derartigen Stele, die in die Regierungszeit des Mardukbaliddin I. (ungefähr 1170 v. Chr.) gehört, heißt es, daß, wenn jemand sie von ihrer Stelle entfernen, verbergen oder zerstören wird, „die Götter Anu, Bel und Ea, Ninip und Gula, und alle Gottheiten, *deren Embleme man auf dieser Tafel aus Stein sieht*, gewaltsam seinen Namen vernichten mögen, ein schrecklicher Fluch falle auf ihn usw." (G. Smith, *Assyrian discoveries* 2. ed. 241). Auf einer andern aus der Zeit des Marduknadinachi (ungefähr 1115 v. Chr.) ist die analoge Verwünschung so ausgedrückt: „die Gottheiten, *deren Bild auf diesem Stein ist*, und deren Name angerufen ist, mögen ihn mit unwiderruflichen Flüchen verfolgen" (Oppert in der Sammlung *Records of the Past* Vol 9 101).

Das Heer des Himmels. 79

Sphäre der alten Astronomen: ja in einigen Fällen haben wir vollkommene Identität, so zwischen dem babylonischen Skorpion und dem Skorpion unseres Tierkreises; zwischen dem Ziegenbock mit Fischschwanz der babylonischen Stelen und unserm Steinbock; zwischen dem geflügelten und schießenden Centaur der Babylonier und dem Schützen der barbarischen Sphäre und der ägyptischen Tierkreise.[1] Daher haben einige Assyriologen in diesen Figuren eine Reihe von Tierkreisbildern oder auch von andern Sternbildern der babylonischen Sphäre sehen wollen. Daß man ihnen einen astronomischen Charakter zuerkennen muß, scheint wahrscheinlich, nicht nur wegen der soeben angeführten Übereinstimmungen, sondern auch noch weil auf diesen Denkmälern immer, wie wir dargelegt haben, die Symbole des Mondes, der Sonne und der Venus vorkommen. Man wird deshalb, glaube ich, nicht fehlgehen, wenn man sie als Embleme oder sinnliche Abbildungen der himmlischen Gottheiten ansieht, denn Gottheiten müssen es sein; in ihrer Zahl sind auch die Planetengottheiten und die guten und bösen Geister mit inbegriffen, mit welchen die babylonische Theologie die Gestirne und die Sternbilder des Firmamentes verband. Diese sind *die Geister des Heeres des Himmels*, über die nach dem oben § 33 angeführten Hymnus Marduk herrschte; sie bilden *das Heer des Himmels*, das Nebukadnezar in seiner Inschrift von Borsippa nennt, und dessen Anbetung in Jerusalem die israelitischen Propheten so verabscheuten.

65. Wie man sieht, findet der biblische Ausdruck (2. Kön. 23, 5) betreffs derjenigen, welche *die Sonne, den Mond und das ganze Heer des Himmels* anbeteten, in den beschriebenen Denkmälern eine vollständige und unerwartete bildliche Erläuterung. Sonne, Mond und Mazzarôth sind an dieser Stelle der Bibel dadurch ausgezeichnet, daß sie besonders und an erstem Platze genannt sind: auf den Denkmälern sind sie durch ihre Stellung des Vortritts, wenn die Figuren eine Reihe bilden, oder durch ihre zentrale Stellung, wenn die Figuren auf einer runden oder rundlichen Fläche verteilt sind, ausgezeichnet. Und was die übrige Menge, das ist das *Heer des Himmels*, betrifft, so würde es sehr interessant sein, die verschiedenen Klassen, in die es wahrscheinlich eingeteilt war, und seine Rangordnung zu unter-

---

[1]) Vgl. für diese und andere Ähnlichkeiten das neue und wichtige Werk von F. Boll, *Sphaera* (Leipzig 1903) 181—194; und über die babylonischen astronomischen Denkmäler der oben beschriebenen Klasse dasselbe Werk, 198—208.

80   5. Kapitel. Mazzaroth.

suchen. Doch es ist dies ein Gegenstand, der weder in Kürze noch an diesem Orte behandelt werden kann: mehr als zur biblischen Astronomie steht er in Beziehung zur Mythologie und zur Uranographie der Babylonier.[1]

---

[1]) Instruktive Abbildungen babylonischer Denkmäler, die zu der hier behandelten Klasse gehören, kann man in ziemlich weit verbreiteten Werken finden. Eins, die soeben angeführte Stele des Mardukbaliddin I. (ungefähr 1170 v. Chr.), bietet G. Smith in der zweiten Auflage der *Assyrian Discoveries* 236. — Ein anderes aus der Regierung des Marduknadinachi (ungefähr 1115 v. Chr.) findet man in Lenormant, *Histoire de l'Orient* 9. Aufl., Fortsetzung von Babelon, T. 5 183: es ist von kreisförmiger Gestalt, weshalb es irrtümlich Planisphär genannt wurde. Es ist annähernd in unserer Abbildung 6 wiedergegeben. Im selben Werke von Lenormant und in Hommel, *Geschichte Babyloniens und Assyriens* 74 ist der sogenannte *Caillou de Michaux* abgebildet, der mehrmals veröffentlicht ist; auch er stammt, wie man meint, aus der Zeit des Marduknadinachi. Hier nehmen die drei Sinnbilder des Mondes, der Sonne und der Venus den konvexen Scheitel des Denkmals ein, der zu gleicher Zeit der Mittelpunkt der mit Figuren geschmückten Fläche ist. — Eine andere kreisförmige Darstellung bei F. Boll, *Sphaera* 201. [Ein Grenzstein des Berliner Museums in einem Aufsatz von Ginzel, *Das Weltall* Jg. 1, (1900/1) 97; 4 Abb. bei Jeremias, *Das Alte Testament* (Leipzig 1904) 9.]

Fig. 6.

Sonne, Mond, Venus und das Heer des Himmels
auf einem babylonischen Denkmal des 12. Jahrhunderts v. Chr.

Sechstes Kapitel

Der Tag und seine Einteilung

Anfang des Tages am Abend in einem bestimmten Augenblick der Dämmerung — *Zwischen den beiden Abenden* — Einteilung der Nacht und des natürlichen Tages — Die sogenannte Sonnenuhr des Ahas — Keine Erwähnung von Stunden im Alten Testament; die aramäische *schaʿah*.

66. Daß die Hebräer den Anfang des bürgerlichen Tages oder *nychthemeron* auf den Abend legten, was ungefähr in der Weise noch vor hundert Jahren bei den Italienern in Übung war und noch heute in der ganzen mohammedanischen Welt Brauch ist, kann nicht bezweifelt werden. In der Tat schließt die Genesis ihre Erzählung der Werke Gottes am ersten Schöpfungstage so: Und es wurde Abend und es wurde Morgen, der erste Tag. Und dasselbe wiederholt sie für alle Tage der Schöpfung als unveränderliche Regel. Der Abend ging also nach dieser Auffassung dem Morgen voran. Ein noch treffenderes Zeugnis kann man dem 18. Verse von Psalm 55 entnehmen, wo es heißt: Abends und morgens und mittags will ich klagen und jammern. Hier geht der Abend dem Morgen und dem Mittag voran.

An allen Festen der Hebräer, deren Dauer auf einen oder mehrere volle Tage festgesetzt war, begann man mit dem Abend und endete mit dem Abend. So dauerte die Sabbatruhe vom Abend des einen Tages bis zum Abend des folgenden Tages. Das gleiche gilt auch vom Versöhnungstage[1], der im siebenten Monat gefeiert wurde und vom Abend des neunten Tages bis zum Abend des zehnten Tages dauerte, und vom Fest der ungesäuerten Brote, das am 14. Tage des ersten Monats abends begann und mit dem 21. Tage abends zu Ende ging.[2] Auch

---

[1] jôm ha-kippûrîm, s. Levit. 23, 32.
[2] Exod. 12, 18.

heute beginnen die israelitischen Gemeinden ihren rituellen Tag am Abend.[1]

67. Dieser Gebrauch, den bürgerlichen Tag oder das *nychthemeron* mit dem Abend zu beginnen, war ursprünglich bei denjenigen Völkern in Übung, bei welchen als Regel galt, den Anfang des Monats auf den Augenblick zu legen, in dem der neue Mond sich ihnen in der Abenddämmerung zeigte. Wie Ideler[2] hierzu richtig bemerkt, war eins vom andern gewissermaßen abhängig; es war in der Tat natürlich, daß man den ersten Tag des Monats von demselben Augenblick an zu rechnen begann, mit dem, wie man annahm, der Monat selbst seinen Anfang nahm, und man kann leicht einsehen, welche Unzuträglichkeiten der Gebrauch mit sich geführt hätte, den Monat in dem einen Augenblick und den ersten Tag desselben Monats in einem andern zu beginnen. Nun war es bei den Hebräern, wie man sehen wird, in jeder Epoche ihrer Geschichte Brauch, die Monate von dem Augenblick an zu rechnen, in dem die leuchtende Sichel des Mondes nach der Konjunktion mit der Sonne sichtbar zu werden begann; das ist vom Augenblick des erscheinenden Neumonds an. Die Übung, den Tag mit dem Abend zu beginnen, floß daraus als notwendige Folge, bei den Hebräern, wie bei andern Völkern, unter denen auch die Griechen zu nennen sind.

68. Der hebräische Name für Abend ist ʿ*ereb*, von der Wurzel ʿ*arab*, die *niger fuit* bedeutet[3]; er spielt also auf das allmähliche Schwarzwerden der Atmosphäre nach Sonnenuntergang an. Wie das Wort *Abend* bei uns, wurde es meist in einem etwas unbestimmten Sinne gebraucht und umfaßte zugleich den letzten Teil des hellen Tages und den Anfang der Dunkelheit. Welches war nun der Augenblick des Abends, der das Ende des einen *nychthemeron* und den Anfang des folgenden *nychthemeron* bildete?

Die Antwort kann nicht zweifelhaft sein. Bei denjenigen Völkern, welche den Anfang des Monats durch den Augenblick

---

[1]) Ideler, *Handbuch der mathematischen und technischen Chronologie* Bd. 1 80.
[2]) Ideler a. a. O. Bd. 1 482.
[3]) So Gesenius, *Thes.* 1064. Das Zeitwort ʿ*arab* in der Bedeutung *niger fuit* findet sich jedoch nicht im Alten Testament. Überdies scheint es mir schwierig, eine Beziehung zwischen dem hebräischen ʿ*ereb* und dem *erêb šamši* der assyrisch-babylonischen Inschriften zu leugnen, das Sonnenuntergang bedeutet, wörtlich *Eintritt der Sonne* (unter den Horizont), vom Zeitwort *erêbu*, eintreten.

Abend — bên ha-'arbajim.

bestimmten, in dem am Abend in der Dämmerung nach Westen zu die dünne Sichel des neuen Mondes erschien, konnte der Anfang des Tages nichts anderes sein, als diejenige Phase der Abenddämmerung, in welcher diese Beobachtung der Sichel möglich wurde. Der Sonnenuntergang konnte nicht eine solche Phase sein, weil am lichten Tage die Mondsichel noch nicht sichtbar sein konnte; und das Ende der Dämmerung und der Anfang der vollkommen dunkeln Nacht war es auch nicht, weil die hellern Sterne und die Planeten — und erst recht die Mondsichel — ziemlich lange, bevor der Himmel ganz schwarz geworden ist, sichtbar zu werden pflegen. Diese Sichel pflegt in einem in der Mitte liegenden Augenblick zu erscheinen, in welchem man die Sterne noch nicht sieht, in dem jedoch das Dämmerungslicht schon sehr schwach geworden ist. Die Erfahrung lehrt, daß dieser Augenblick der ersten Sichtbarkeit von verschiedenen Umständen abhängt, die sich von einem Neumond zum andern ändern[1]; doch daß er allgemein und annähernd durch die Erklärung angegeben werden kann, die Sichel pflege zu erscheinen, wenn sich die Sonne bis zur Tiefe von ungefähr 6 Grad unter den Horizont gesenkt habe. Für die Breite Palästinas kann man annehmen, daß dies jedesmal eine halbe Stunde nach Sonnenuntergang eintritt und eine ganze Stunde, bevor nach Ende der Dämmerung die vollkommen dunkle Nacht beginnt. Darum ist an den Abenden des neuen Mondes durch den Augenblick des Sehens der Sichel die Dauer der Dämmerung in zwei ungleiche Teile zerlegt, die die Hebräer 'arbajim, die beiden Abende, nannten. Den ersten Abend bildete ein Zeitraum von ungefähr einer halben Stunde, der noch hell genug war, um ihn als Fortsetzung und Teil des vorangehenden Tages anzusehen, an dem man sich den gewöhnlichen Beschäftigungen des Tages widmen konnte: kurz das, was wir bürgerliche Dämmerung nennen.[2] Der zweite Abend dauerte

---

[1] Die hauptsächlichsten von ihnen sind: die Winkelentfernung des Mondes von der Sonne im Augenblicke der Beobachtung, die Höhe des Mondes über dem Horizonte, seine Entfernung von der Erde, der Grad der Klarheit der Atmosphäre. [Die Posaunenstöße, mit welchen die Hebräer das Sichtbarwerden der Sichel verkündeten, erklärt Winckler AO 60 treffend als eine altorientalische Art des modernen Kanonenschlages, welcher die maßgebende Zeit angibt.]

[2] Man nimmt an, daß die bürgerliche Dämmerung mit Sonnenuntergang beginnt und ihr Ende erreicht, wenn die Sonne $6^{1}/_{2}$ Grad unter dem Horizonte steht. Die mittlere Dauer dieser Dämmerung beträgt in Palästina ungefähr eine halbe Stunde.

ungefähr eine Stunde, sein Anfang bezeichnete den Anfang des folgenden *nychthemeron;* er endete mit dem Beginn der vollkommen dunkeln Nacht. Bei seinem Eintritt wurden die Lampen angezündet, womit die Nachtzeit inauguriert wurde. Im Pentateuch wird mehrmals der Ausdruck *bên ha-ʿarbajim* angewandt, der *zwischen den beiden Abenden* bedeutet[1], um den Augenblick zu bezeichnen, der die beiden oben beschriebenen Perioden trennte und für die Hebräer den Anfang des bürgerlichen und religiösen Tages bildete. Von besonderm Interesse ist die Stelle Exodus 30, 8, an welcher von Aaron gesagt wird, er zünde die Lampen in der Stiftshütte *zwischen den beiden Abenden* an: sie ist entscheidend für die vielfach erörterte[2] Bedeutung des Ausdrucks *bên ha-ʿarbajim* und beweist klar, daß mit ihm der Augenblick der Abenddämmerung angegeben wird, in dem es nötig wird, zum künstlichen Lichte seine Zuflucht zu nehmen, da das natürliche Licht unzulänglich wird. Sicher konnte man nicht annehmen, daß Aaron die Lampen schon vor Sonnenuntergang anzündete oder auch mit dem Anzünden zögerte, wenn man gar nicht mehr sehen konnte.

Um es noch einmal kurz zusammenzufassen, es war hebräischer Brauch, den bürgerlichen Tag *zwischen den beiden Abenden* zu beendigen und zu beginnen, das ist eine halbe Stunde nach Sonnenuntergang, in dem Augenblick, in welchem die erste Dämmerung zu Ende ging und die zweite begann. Diese Weise war also dem alten italienischen Brauche ähnlich, nach dem der Anfang der 24 Stunden auf ungefähr eine halbe Stunde nach Sonnenuntergang gesetzt wurde.

69. Die Nacht wurde von den Hebräern mit *lajil* oder *lajlah* bezeichnet, einem Worte, dessen Ableitung unsicher ist. Ihre Dauer wurde von ihnen nach dem Vorbilde der Babylonier[3]

---

[1]) Exod. 12, 6; 16, 12; 29, 39 und 41; 30, 8; Levit. 23, 5; Num. 9, 3 und 5; 28, 4.

[2]) Wer sich über diese Erörterungen unterrichten will, kann eine Vorstellung von ihnen bei Ideler, *Handbuch der mathematischen und technischen Chronologie* Bd. 1 482—484 und bei Gesenius, *Thes.* 1064—1065 erhalten. Die Frage war wichtig, um den richtigen Augenblick zu bestimmen, in dem man das Passahlamm opfern und die Woche der ungesäuerten Brote beginnen mußte.

[3]) Die drei Nachtwachen der Babylonier [*maçartu*] wurden genau mit den gleichen Namen bezeichnet, welche die Hebräer gebrauchten; die erste Wache, die mittlere Wache, die Wache des Morgens. Alle drei zusammen werden auf einem Täfelchen genannt, das Rawlinson, *Cuneiform Inscriptions of Western Asia* Vol. 3 pl. 52, no. 3 veröffentlicht

Nacht, Morgen, Tag. 85

in drei *Wachen* oder *Nachtwachen* [hebr. *aschmoreth*] eingeteilt, während die Griechen und die Römer sie in vier teilten. Die erste hieß *Wache des Abends* oder *Anfang der Wachen*, die zweite *mittlere Wache*, die dritte *Wache des Morgens*.[1] Im Alten Testamente wird auch die *Hälfte der Nacht*[2] genannt.

70. Der Morgen in weiterm Sinne wird im allgemeinen mit *boqer* bezeichnet, das jedoch auch im besondern auf das erste Licht angewandt wird. Die Morgendämmerung oder *nescheph* wird auch *schachar*, gleich Morgenröte, genannt. Wie zwei Abende, so hatten die Hebräer auch zwei Morgenröten, die von einer mittleren Phase der Morgendämmerung, *bên schacharajim*[3], getrennt waren.

71. Das Wort *jôm* wurde, wie bei uns das gleichbedeutende *Tag*, gebraucht, um sowohl das ganze *nychthemeron* als auch den hellen Teil desselben zu bezeichnen. Nach Gesenius wäre der Name von der Glut der Sonne abgeleitet. Die einzige und oft vorkommende Einteilung des natürlichen Tages wird durch den Mittag, *çohorajim*, gegeben; dies Wort ist von *çahar* abgeleitet, was *splenduit*, *luxit* bedeutet. Es ist der Dual von *çohar*, Licht. Demnach könnte *çohorajim* doppeltes Licht[4] bedeuten und wäre eine Ausdrucksweise für das größte Licht des Tages. Ewald[5] ist dagegen der Meinung, daß man diesen Dual mit jenen oben angeführten des Abends und der Morgenröte zusammenstellen müsse; *çohorajim* würde also zwei Teile des Tages bezeichnen, die dem Mittagspunkte unmittelbar vorangehen und folgen. Die Dauer dieser beiden Teile könne

---

hat; teilweise übersetzt und erklärt von Sayce, *Transactions of the Society of Biblical Archaeology* Vol. 3 151—160.

[1]) Der Anfang der Wachen wird erwähnt von Jeremia, Klagel. 2, 19. Die mittlere Wache in Richt. 7, 19. Die des Morgens in Exod. 14, 24 und 1. Sam. 11, 11.

[2]) *chaçî ha-lajlah* Exod. 12, 29; Richt. 16, 3.

[3]) Jedoch wird *schacharajim* im Alten Testament nicht in diesem Sinne gebraucht, sondern nur als Eigenname eines Mannes 1. Chron. 8, 8. Nichtsdestoweniger genügt dieser Dual, um zu beweisen, daß in der Morgendämmerung *zwei Morgenröten* unterschieden wurden, obwohl man in der Praxis diese Unterscheidung wenig gebrauchte.

[4] Nach andern Rücken, Höhepunkt der Sonnenbahn.]

[5]) Ewald, *Die Alterthümer des Volkes Israel* 3. Aufl. (Göttingen 1866) 449. Die Auffassung Ewalds scheint von einer Stelle in Jes. 16, 3 bestätigt zu werden, wo *be-thôkh çohorajim*, das ist „in der Mitte der beiden Lichter", wirklich auf die Aufeinanderfolge zweier Zeiträume der größten Tageshelligkeit hindeutet.

6. Kapitel. Der Tag und seine Einteilung.

man nicht angeben, da sie von keinem besondern Phänomen begrenzt werde.

72. Doch die Einteilung des Tages in nur zwei Teile ist in der Praxis ungenügend. Darum halfen sich die Hebräer mit andern Bezeichnungen in indirekter Weise. Wir finden zunächst die beiden Augenblicke, vor und nach Mittag, in denen im Tempel das *minchah* genannte Speisopfer[1] dargebracht zu werden pflegte. Wie weit sie vom Mittag entfernt waren, läßt sich nicht feststellen. — Andere Angaben derselben Art sind *in der Glut des Tages* oder *in der Glut der Sonne*[2], das *Sichneigen des Tages*[3], das *Herankommen des Abends*[4], die *Essenszeit*.[5]

Daß diese einfache Art, die Tageszeiten zu bezeichnen, lange einem Volke von Hirten und Ackerbauern genügen konnte, dafür liefert uns unsere tägliche Erfahrung einen Beweis. Auch in kultivierteren Gesellschaften lebt der größere Teil der Menschen ohne Uhr und regelt sich obenhin die Zeit mit dem Grade von Genauigkeit, den ihre Bedürfnisse erfordern. Auf dem Lande gibt es ziemlich einfältige Bauern, die durch einen Blick auf die Sonne zu jeder Jahreszeit die Stunde anzugeben wissen, ohne sich jemals um zwanzig oder dreißig Minuten zu täuschen.

Doch die Idee der *Stunde*, das ist einer regelmäßigen Einteilung des Tages in gleiche Teile, scheint den Hebräern noch einige Zeit nach dem Exil unbekannt gewesen zu sein: wenigstens steht es fest, daß das Wort und die entsprechende Idee im Alten Testamente nicht erwähnt werden. Dies Stillschweigen in betreff der Einteilung des Tages in Stunden oder in andere Bruchteile ist um so beachtenswerter, als die drei *Wachen*, in welche die Nacht eingeteilt war, alle drei mit ihrem besondern Namen genannt werden. Dies führt uns zu dem sehr wahrscheinlichen Schlusse, daß solche Einteilungen nicht in Gebrauch

---

[1] Das Speisopfer bestand aus Mehl, Mehlkuchen oder zerriebenen Körnern, denen als Würze Öl und Salz beigegeben wurde. Auf den Augenblick des Morgenopfers wird 2. Kön. 3, 20 angespielt, woraus hervorgeht, daß es ziemlich früh dargebracht wurde. Auf den des Abendopfers wird 1. Kön. 18, 29 und 36 angespielt, wo man sieht, daß nach ihm noch ein beträchtlicher Teil vom hellen Tage verfügbar blieb. Im Dienste des zweiten Tempels mußte nach der Vorschrift, die man in Exod. 29, 38—41 liest, das eine Opfer am Morgen, das andere *zwischen den beiden Abenden* dargebracht werden.

[2] Gen. 18, 1; 1. Sam. 11, 9; 2. Sam. 4, 5.

[3] Richt. 19, 8. — [4] Deut. 23, 12. — [5] Ruth 2, 14.

Einteilung des Tages — Sonnenuhr des Ahas.

waren. Ein Wort für *Stunde* beginnt erst in den Dialekten aufzutreten, welche in Palästina gebraucht wurden, nachdem man aufhörte, das Hebräische im gewöhnlichen Verkehr zu sprechen; diese Dialekte gehören zu dem aramäischen Zweige der semitischen Sprachen. Hierdurch werden wir dahin geführt, die Frage der sogenannten Sonnenuhr des Ahas zu erörtern; diese Uhr wäre im königlichen Palast in Jerusalem auf Befehl jenes Königs ungefähr 730 v. Chr. aufgestellt worden.

73. Im 2. Buche der Könige[1] wird erzählt, daß, als Hiskia, König von Juda, ein Zeichen für seine baldige ihm von Jesaja versprochene Heilung verlangte, „Jesaja antwortete: Dies diene dir als Zeichen von Jahwe, daß Jahwe ausführen wird, was er verheißen hat: 'Soll' der Schatten zehn *ma'alôth* 'vorrücken' oder soll er zehn *ma'alôth* zurückgehen? Hiskia erwiderte: Es ist dem Schatten ein Leichtes, zehn *ma'alôth* abwärts zu gehen; nein, der Schatten soll um zehn *ma'alôth* rückwärts gehen! Da rief der Prophet Jesaja Jahwe an; der ließ den Schatten '[Glosse:] an den *ma'alôth*, die sie (die Sonne) herabgestiegen war' *an den ma'alôth* des Ahas' zehn *ma'alôth* rückwärts gehen". Dasselbe wird etwas kürzer in den geschichtlichen Abschnitten der Prophetie des Jesaja[2] erzählt, wo der Prophet zu Hiskia sagt: „Und dies diene dir als [Wahr-]Zeichen von Jahwe, daß Jahwe ausführen wird, was er verheißen hat: ich will 'den' Schatten so viele Stufen, als 'die' Sonne *an den ma'alôth* des Ahas [bereits] herabgestiegen ist, wieder rückwärts gehen lassen, '[Glosse:] zehn *ma'alôth*'; da ging die Sonne [die] zehn *ma'alôth*, die sie *an den ma'alôth* herabgestiegen war, wieder zurück." Diese beiden Stellen bieten der Erklärung gewisse Schwierigkeiten, nicht nur wegen des Sinnes, der mit dem Worte *ma'alôth* zu verbinden ist, sondern auch weil dasselbe Wort hier in zwei etwas von einander verschiedenen Weisen gebraucht wird. Zuerst drückt es als einfacher Plural eine gewisse Anzahl der Einheiten aus, von denen eine jede *ma'alah* heißt. An zweiter Stelle wird es angewandt, um eine gewisse von Ahas angeordnete Konstruktion zu bezeichnen, die mehr als zehn *ma'alah*-Einheiten umfaßte, längs welcher ein gewisser Schatten mit dem Fortschreiten der Sonne in ihrer täglichen Bewegung herunterlief; das Ganze so angeordnet, daß Hiskia das Weiterrücken des Schattens beobachten konnte, während er in seinem Bette lag.

---

[1] 2. Kön. 20, 9—11.
[2] Jes. 38, 7—8.

74. Das Wort *ma'alah* wird fast ausnahmslos durch Treppenstufe erklärt[1]; die Mehrzahl *ma'alôth* kann auch für eine *Reihe von Stufen* oder *Treppe* genommen werden. Wir müßten uns also die Sache folgendermaßen vorstellen: Ahas hatte gelegentlich der Neubauten, die er im Tempel und im königlichen Palast ausgeführt hatte, eine Treppe machen lassen, die deshalb *ma'alôth Achaz*, die Stufen des Ahas, genannt wurde. Auf diesen Stufen projizierte sich der Schatten irgend eines höheren Teiles des übrigen Gebäudes; von Stufe zu Stufe herablaufend, näherte er sich zu jener Stunde des Tages, in welche das Wunder verlegt wird, dem Boden. Es ist nicht unmöglich, daß manche jene Stufen als Anhaltspunkte benutzten, um ihre Zeitrechnung danach zu richten; es ist dies ein naheliegendes Verfahren, das in analoger Weise immer und überall geübt wurde. Doch was auch daran sein mag, nach der Auffassung des Schriftstellers war das Wunder dies: daß, nachdem der Schatten um zehn Stufen hinabgestiegen war, er auf den Wink des Jesaja in einem Zuge sie zurücksprang. Die zweite der beiden angeführten Erzählungen würde auch ein Rückwärtsgehen der Sonne in sich schließen, das in der ersten nicht klar angedeutet ist; also ein gleiches oder noch größeres Wunder als das, welches Josua nachgerühmt wird.

75. Die ältesten Ausleger haben die Sache in der angegebenen Weise verstanden: so die LXX und die syrische Übersetzung. Doch Symmachus in seiner griechischen Übersetzung (2. Jahrhundert n. Chr.), später die Vulgata und die Targumim (aramäische Paraphrasen der Juden) traten für eine andere Ansicht ein, welche heute fast allgemein angenommen wird. Nach dieser andern Anschauungsweise wären die *ma'alôth* des Ahas die Stundenlinien eines Sonnenquadranten gewesen, den Ahas in der Königsburg von Jerusalem hatte aufstellen lassen; jede Linie bildete eine *ma'alah* oder einen Grad des Fortschreitens des Schattens. Eine solche Sonnenuhr, behauptet man, sei aus Babylonien eingeführt worden, da die Erfindung des Sonnenzeigers und des Stundenquadranten von der Autorität Herodots[2] den Babyloniern zugesprochen werde. Das alles liegt im Bereich

---

[1]) Gesenius, *Thes.* 1031, wo die Stellen des Alten Testaments angeführt sind, die diese Erklärung bestätigen. Dort sind auch die wenigen Fälle angegeben, die eine andere Bedeutung zu erfordern scheinen; doch es wäre nicht am Orte, sich mit diesen hier aufzuhalten.

[2]) Herod. 2, 109.

der Möglichkeit. In der Tat ist es wahrscheinlich, daß die Erfindung der Sonnenuhr (wie man sicher von der Einteilung des Tages in Stunden sagen kann) den Babyloniern zu verdanken ist, obschon bis jetzt keine Spur von ihr in den mesopotamischen Ruinen entdeckt ist. Und der König Ahas, der, wie es scheint, von ausländischen Gebräuchen sehr eingenommen war, konnte in seinem Schlosse von irgend einem babylonischen, syrischen oder phönizischen Astronomen eine Sonnenuhr errichten lassen. Doch es wurde bereits gesagt, daß das Alte Testament nicht den geringsten Hinweis auf regelmäßige Einteilungen des Tages bietet, weder für die Zeit des Ahas noch für spätere Epochen. Überdies scheint die entfernte und unvollkommene Ähnlichkeit, die die Stundenlinien mit den Stufen einer Treppe haben können, mir nicht ausreichend, um mit Grund die Erklärung der LXX aufzugeben, die so genau und so natürlich zum Buchstaben des biblischen Textes paßt.[1]

76. Die regelmäßige Einteilung des Tages in gleiche Teile wurde in Babylonien ziemlich lange vor dem hebräischen Exil angewandt. Aus Bruchstücken babylonischer Astronomie, die in Ninive ausgegraben sind, geht hervor, daß dort der Brauch herrschte, das *nychthemeron* in zwölf *kaspu* einzuteilen, von welchen jeder zwei von unsern Äquinoktialstunden entspricht.[2] Es wäre also nicht unmöglich, daß die Hebräer von den Babyloniern, als sie mit ihnen im Exil in Berührung kamen, zu-

---

[1]) Die Stufen des Ahas und seine vermeintliche Sonnenuhr haben eine ganze Literatur ins Leben gerufen, in welcher merkwürdige und seltsame Ideen reichlich vertreten sind, und über die man einige Angaben bei Winer, *Bibl. Realwörterbuch* Bd. 1 498—499 finden kann. Unter allen bemerkenswert erscheint mir ein Problem der Gnomonik, in dem die Aufgabe gestellt wird, zu bestimmen, wie und wann und an welchen Orten der Erde der von einem Zeiger auf eine zu ihm senkrecht stehende Ebene geworfene Schatten im Kreise um den Fuß des Zeigers herum vorrücken, dann zurückgehen und auf sich selbst zurückkehren kann. Ich lasse dem Leser ganz das Vergnügen, das Problem, das übrigens nicht schwer ist, *proprio Marte* zu lösen und zu sehen, mit welchen Verfahren man das erzählte Wunder eines Rückwärtsgehens des Schattens des Zeigers auf dem angenommenen Quadranten des Ahas reproduzieren könnte.

[2]) „Am sechsten Tage des Monats Nisannu waren Tag und Nacht gleich: *sechs kaspu* Tag und *sechs kaspu* Nacht." Diese bemerkenswerte Beobachtung hat Rawlinson veröffentlicht, *Cuneiform Inscriptions of Western Asia* Vol. 3, pl. 51 no. 1: übersetzt von Sayce in den *Transactions of the Society of Biblical Archaeology* Vol. 3 229. Leider ist das Jahr nicht angegeben, in welchem die Tag- und Nachtgleiche beobachtet wurde.

6. Kapitel. Der Tag und seine Einteilung.

sammen mit andern Dingen auch den Gebrauch gelernt haben, die Zeit des Tages mit größerer Genauigkeit zu teilen, als sie es früher taten. Noch viel früher hätten sie ihn von den Ägyptern lernen können; von diesen ist bekannt, daß sie schon zur Zeit der Pyramiden den natürlichen Tag in zwölf gleiche Teile und die Nacht in ebensoviele einzuteilen wußten.[1] Doch es ist unmöglich, einen Beweis hierfür in den Büchern des Alten Testaments zu finden. Es ist wahr, in der Prophetie Daniels wird mehrmals das Wort *schaʿah* oder *schaʿathah* wiederholt, das die LXX mit ὥρα und die Vulgata mit *hora* übersetzen.[2] Doch es ist zu bemerken, daß dies Wort sich nur im aramäischen Teile des Danieltextes findet. Überdies scheint *schaʿah* oder *schaʿathah* an diesen Stellen nicht wirkliche Stunden im eigentlichen Sinn, das ist Zeitmaße, zu bezeichnen, sondern muß vielmehr im Sinn von Augenblick oder Zeitpunkt genommen werden, wie wir es in den Redensarten *zu dieser Stunde, zu übler Stunde, zur Stunde* usw. tun, und in dieser Weise müssen wir sicher das ὥρα der LXX und *hora* der Vulgata verstehen.[3]

Zu welcher Zeit der Gebrauch der Stunden sich bei den Juden zu verbreiten anfing, kann man nicht mehr angeben. Soviel steht fest, daß sie zur Zeit Christi für die Nacht die vier Nachtwachen der Römer angenommen hatten[4], und daß sie nach dem Muster der Griechen den Zeitraum zwischen Sonnenaufgang und Untergang und ähnlich die Nacht in je zwölf gleiche Teile teilten. Es waren dies die *temporären* Stunden, deren Dauer nach den Jahreszeiten verschieden war, und die erste, zweite, dritte ... bis zur zwölften Stunde gezählt wurden[5]; nach ihnen rechnet noch Dante in der Göttlichen Komödie die Zeit. Jetzt sind sie der kirchlichen Liturgie vorbehalten.

---

[1] Brugsch, *Die Ägyptologie* 364—365.
[2] Dan. 3, 6 und 15; 4, 30; 5, 5.
[3] S. Gesenius, *Thes.* 1455—56. An allen angeführten Stellen steht das Wort in der Verbindung *bah schaʿathah*, was wir gut durch den Ausdruck *im Augenblick* übersetzen würden. Übrigens hat man Grund zu der Annahme, daß das Wort *Stunde* in der Form *schêti*, die sich wenig von *schaʿathah* unterscheidet, schon im 15. Jahrhundert bei den Nordsyrern in Gebrauch war. Die Sache ist an sich möglich, doch beweist nichts für das Volk Israel, das zu jener Zeit noch nicht in das Land Kanaan eingedrungen war. S. Zimmern KAT 652 und Winckler, *Die Tontafeln von Tell-el-Amarna* Brief 91, Zeile 77.
[4] Matth. 14, 25. — [5] Matth. 27, 45.

Siebentes Kapitel

Die hebräischen Monate

Mondmonat — Bestimmung des Neumonds — Reihenfolge der Monate in verschiedenen Epochen der hebräischen Geschichte — Phönizische oder kananäische Monate — Benennung mit Zahlen von Salomo an in Gebrauch — Annahme der babylonischen Monate nach dem Exil.

77. Die Berechnung der Monate und der Kalender der Feste wurde bei den Hebräern und wird noch in der Gegenwart bei den Juden nach den Phasen des Mondes geregelt; man findet bei ihnen, wie man vielleicht erwarten könnte, auch keine Spur vom alten ägyptischen Kalender.[1] In Psalm 104 lesen wir, daß Gott „den Mond zu[r Bestimmung von] Zeiträumen geschaffen hat".[2] Alle hebräischen Feste wurden nach dem Monde geregelt. Der hebräische Name des Monats ist *jerach*, von *jareach*, Mond; er wird auch *chodesch* genannt, was eigentlich Erneuerung des Mondes oder Neumond bedeutet.[3]

78. Der Anfang des Monats *(rosch chodesch)* wurde, wie schon gesagt, durch das erste Erscheinen des neuen Mondes im Westen in der Abenddämmerung bestimmt und ohne weiteres,

---

[1]) Ewald, *Altertümer des Volkes Israel* 3. Aufl. (Gött. 1866) 452—453, möchte den Gebrauch des ägyptischen Kalenders bei den vormosaischen Hebräern daraus erkennen, daß noch später in der Bibel ein Mond gleich rund 30 Tagen gerechnet wird. Doch ich glaube nicht, daß auf diesen Umstand großes Gewicht gelegt werden darf. Der Gebrauch, einem Monat durch Abrundung 30 Tage zuzuteilen, besteht noch jetzt, in allen den Fällen, in welchen man nicht nach großer Genauigkeit strebt. Und da es sich um Mondumläufe handelt, ist es genauer, wenn man bei ganzen Zahlen bleiben will, sie als 30 statt als 29 Tage zu zählen. Was das Jahr von 365 Tagen betrifft, das, wie Ewald anzunehmen geneigt ist, in alter Zeit aus Ägypten eingeführt sein soll, so vergleiche hierüber, was wir im 8. Kapitel sagen werden.

[2]) Ps. 104, 19. Dasselbe wird ausführlicher bei Jesus Sirach 43, 6—8 gesagt.

[3]) Von der Wurzel *chadasch*, lat. *novus fuit*.

wenn es möglich war, durch direkte Beobachtung der Mondsichel geregelt. Wenn dies nicht möglich war, wurden wahrscheinlich die Tage von dreißig zu dreißig gezählt. Ich sage wahrscheinlich; denn im Alten Testament findet sich keine Angabe über die Art, den Anfang der Monate zu bestimmen. Es ist nur bekannt, daß in der Zeit nach Christi Geburt diese und andere ähnliche Hilfsmittel in den Schulen von Jabne und Tiberias noch in Gebrauch waren.[1] Daß man wenigstens bisweilen das Datum des Neumonds im Voraus wissen konnte, scheint durch die Unterredung zwischen David und Jonathan erwiesen zu sein, welche im ersten Buche Samuelis berichtet wird: „Morgen ist Neumond und ich kann mit dem Könige 'nicht' zu Tische sitzen".[2]

Jedenfalls sehen wir, daß schon zu der Zeit Sauls der erste Tag des Monats als besonderer Festtag angesehen wurde. Religiöse Riten für diesen Tag sind im Ersten Kodex des mosaischen Gesetzes noch nicht vorgeschrieben[3], aber werden schon für die Zeiten des Elisa und in den ältesten Prophetien, bei Hosea und Amos, erwähnt.[4] Im zweiten Tempel wurde der Neumond durch besondere Opfer gefeiert, wie man aus Numeri Kap. 28 ersehen kann. Das Problem, den Neumond zu bestimmen, erhielt mit der Zeit immer größere Bedeutung: und es ist nicht unmöglich, daß vom Exil an bis zur Einrichtung eines eigentlichen Kalenders die Gelehrten und Vorsteher der Synagoge sich in irgend einer Weise Verfahren zu Nutze machten, welche die Babylonier und Syrer gebrauchten.

79. Die Israeliten wandten nach einander in den verschiedenen Epochen ihrer Geschichte verschiedene Systeme von Monaten an. Welche Namen bei ihnen vor der Eroberung Palästinas in Brauch waren, ist nicht bekannt. Nach der Er-

---

[1]) Die hauptsächlichsten Nachrichten über die Praxis des spätern Judentums bezüglich der Bestimmung des Monatsanfangs hat Schürer gesammelt, *Geschichte des jüdischen Volkes im Zeitalter Jesu Christi* 4. Aufl. Bd. 1 749—751.

[2]) 1. Sam. 20, 5, 18, 24, 27. Die einzige Weise, der erwähnten Folgerung zu entgehen, wäre die Annahme, daß diese Unterredung spät abends oder in der Nacht nach Erscheinung der Neumondsichel stattfand. Doch auch diese Vermutung vermeidet nicht alle Schwierigkeiten; da nämlich dann der erste Tag des Monats schon begonnen hatte, müßte man *heute* sagen und nicht *morgen*.

[3]) S. über den Ersten Kodex die Einleitung § 10.

[4]) Amos 8, 5; Hos. 2, 13; 2. Kön. 4, 22 ff. Für spätere Zeiten siehe Jes. 1, 13—14; Ezech. 45, 17 und 46, 1, 3, 6; Num. 10, 10 und 28, 11—14 usw.

oberung nahmen sie den Brauch der besiegten Kananäer an bis zu der Zeit Salomos und der Erbauung des ersten Tempels. Die Namen und die Reihenfolge der kananäischen Monate wurden abgeschafft, als mit der Errichtung des Tempels dem Kultischen eine geregeltere und strenger nationale Gestalt gegeben wurde. Damals begann man, die Monate nach der Folge ihrer Zählung zu bezeichnen, ohne andern besondern Namen; und für die religiösen Zwecke dauerte dieser Gebrauch bis zur Zerstörung Jerusalems durch Titus. Doch im bürgerlichen Verkehr finden wir schon bei der Rückkehr aus der Gefangenschaft unter Serubabel die babylonischen Namen in Gebrauch, die nach Vernichtung des zweiten Tempels auch auf dem religiösen Gebiete die Oberhand gewannen und bis heute ausschließlich in den Synagogen gebraucht wurden. Wir müssen alle diese Veränderungen etwas genauer untersuchen.

In den ältesten Urkunden des hebräischen Gesetzes, die auf uns gekommen sind, nämlich im Ersten Kodex und im 34. Kapitel des Exodus, das aus diesem abgeleitet ist, wird der Monat, in welchem man das Fest der ungesäuerten Brote feierte, mit dem Namen *Abîb* benannt, was Monat der Ähren bedeutet und ungefähr dem Monat April entsprach.[1] Andere alte Monatsnamen finden sich in der ausführlichen Erzählung von dem Bau und der Einweihung des salomonischen Tempels, die uns im 1. Buche der Könige erhalten ist; diese Erzählung wurde wahrscheinlich einem dem Ereignis gleichzeitigen Berichte entnommen. In derselben Erzählung werden die diesen Namen entsprechenden Zahlennamen angegeben, die später in Gebrauch kamen. Eine Übersicht über die erhaltenen Namen gibt die folgende Tabelle:

Alte Monate und ihre alte Reihenfolge	In der neuen Reihenfolge mit den Zahlennamen entspricht der	Ist gleich unserm heutigen	Belegstelle aus dem Alten Testament
1. Ethanîm	7. Monat	Oktober	1. Kön. 8, 2
2. Bûl	8. „	November	1. Kön. 6, 38
7. Abîb	1. „	April	Exod. 23, 15
8. Ziw	2. „	Mai	1. Kön. 6, 1, 37

---

[1] Exod. 23, 15 und 34, 18. Aus diesen alten Urkunden, müssen wir annehmen, sind die andern jüngern Erwähnungen Deut. 16, 1 und Exod. 12, 4 abgeleitet.

7. Kapitel. Die hebräischen Monate.

Einiges Licht ist auch jüngst auf den Ursprung dieser Namen gefallen. Viele hatten schon daran gedacht, daß dies die Monatsnamen wären, welche bei den Bewohnern des Landes Kanaan galten; mit ihnen hätten sich die Israeliten nach der Eroberung vermischt und von ihnen deren Gebrauch gelernt. Diese Vermutung fand durch das Studium der phönizischen Inschriften eine glänzende Bestätigung; in drei derselben erkannte man den Monat *Bul* und in andern zwei den Monat *Ethanim*.[1] Der älteste hebräische Kalender war also identisch mit dem der Phönizier, das ist der Kananäer, zu deren Familie die Phönizier gehörten. Dieser wurde auch in den phönizischen Kolonien, in Carthago, auf Malta und auf Cypern, gebraucht.

80. Da die nahe Verwandtschaft des phönizischen Idioms mit dem hebräischen bekannt ist, konnte man auch wahrscheinliche Vermutungen über die Etymologie dieser Namen aufstellen. Es wurde schon angeführt, daß der Monat *Abîb* Monat der Ähren bedeutet, weil in diesem Monat in Palästina die Ähren sich schon gebildet hatten, obschon sie noch nicht überall reif waren.[2] *Ziw* bedeutet *Glanz der Blumen* und paßt gut für den entsprechenden Monat, der ungefähr unser Mai, der *floréal* des französischen Jakobiner-Kalenders, war.[3] Die Bedeutung von *Ethanîm* ist nicht so klar; nach Gesenius und Ewald[4] soll es *beständige Wasser* bedeuten: vielleicht weil im Oktober bei Eintritt des Herbstregens die Wasserläufe nach der Dürre des Sommers sich wieder zu füllen begannen. Die Regengüsse des Novembers schließlich werden gut durch den Namen *Bûl* wiedergegeben, der reichlicher Regen bedeutet und mit *mabbûl*, Sintflut, verwandt ist; beide von der Wurzel *jabal*, die *exundavit, cum impetu fluxit* bedeutet.[5]

81. Jene selben phönizischen Inschriften, von denen wir soeben gesprochen haben, haben schon weitere Beiträge zu

---

[1]) Vergleiche die vor kurzem von Landau, *Beiträge zur Altertumskunde des Orients* H. 2 und 3 veröffentlichte Sammlung aller phönizischen Inschriften. Der Name *Bul* findet sich in der großen Inschrift Eschmunazars, Königs von Sidon, (Land. 5) und in zwei andern aus Cypern (Land. 15 und 96). Der Name *Ethanim* findet sich in zwei Inschriften aus Cypern (Land. 91 und 103.)

[2]) *Abîb*, spica; *chôdesch ha-abîb* Monat der Ähren; dafür sagte man auch einfach *Abîb*.

[3]) Gesenius, *Thesaurus* 407.

[4]) Gesenius, *Thesaurus* 644; Ewald, *Altertümer des Volkes Israel* (3. Aufl. 1866) 456—457.

[5]) Gesenius, *Thesaurus* 560.

Die phönizischen Monate.

unserer Kenntnis des phönizischen und damit auch des ältesten hebräischen Kalenders geliefert und werden wahrscheinlich in Zukunft noch mehr liefern. In Inschriften von Cypern, Malta und Carthago[1] hat man den Namen *Marpe'* aufgefunden, der durch *Gesundung*[2] erklärt werden kann und vielleicht derjenige Monat war, in welchem man, wie bei uns im Herbst, für das Wohl und die Heilung des Leibes sorgte und sich von den Mühen des Ackerbaus und der Schiffahrt ausruhte. Vier Inschriften aus Cypern und eine aus Carthago sind aus dem Monat *Pa'uloth*[3] datiert, dem Monat der *Lohnzahlungen*, der vielleicht dem *Mercedonius* der Römer analog ist.[4] Es kommt auch *Mirzach*, der Monat der ausgelassenen Freude, vor.[5] Einige andere Namen sind zum Vorschein gekommen, deren Deutung weniger leicht ist: *Mappa'*, *Karar*, *Chîr*, *Zebach-schischim*; sodaß die Liste nunmehr nahezu vollständig ist.[6] Leider liefern uns die phönizischen Inschriften nur diese Monatsnamen, aber belehren uns nicht über die Reihenfolge, in der sie angeordnet waren: darum ist es nicht möglich gewesen, sie zur Vervollständigung der obigen Tabelle zu benutzen.

82. Wie wir oben bereits erwähnt haben, wurden zur Zeit Salomos die phönizischen oder kananäischen Namen bei Erweiterung und Regulierung der Kultusformen durch neue Namen ersetzt. Der Gedanke liegt in der Tat nahe, daß man vom Tempeldienst alles das zu entfernen suchte, was an die Greuel der Feinde Israels und Jahwes erinnerte. Diese neuen Namen waren einfache Zahlworte, welche die Stelle bezeichneten, die

---

[1]) Land. 16, 183 und 228.
[2]) Von *rapha'*, sanavit. Es kommt auch die Mehrzahl *Marpe'im* vor.
[3]) Land. 91, 94, 104, 105, 223.
[4]) Wenn man nicht Monat der *Geschäfte* erklären muß; das würde für diesen Monat irgend ein großes Zusammenströmen von Kaufleuten voraussetzen, wie die Messen von Leipzig oder Sinigaglia.
[5]) Land. 180. Vielleicht etwas unserm Karneval Ähnliches.
[6]) Für diese Namen siehe Landau 9, 18, 25, 98, 99 und 105 [und Lidzbarski, *Handbuch der nordsemitischen Epigraphik* (Weimar 1898) 412]. Wir können jedoch nicht positiv behaupten, daß alle Monate der Phönizier bei den Hebräern in Gebrauch waren und umgekehrt. In den phönizischen Inschriften haben sich die hebräischen Namen *Abîb* und *Ziw* bisher nicht gefunden, [wenn man das nur durch eine punische Inschrift bezeugte *Zib* (Lidzbarski 267) nicht mit letzterem identifizieren will.] Andererseits scheinen die phönizischen Namen *Mirzach* und *Zebach-schischim* auf Gebräuche anzuspielen, die den alten Hebräern unbekannt waren. Nur weitere Entdeckungen werden die Beziehung des phönizischen Kalenders zum frühesten hebräischen Kalender genau feststellen können.

7. Kapitel. Die hebräischen Monate.

jeder Monat zum Jahresanfang einnahm. Dieser wurde von nun an auf den Neumond des alten *Abîb* gelegt, der der siebente Monat des Jahres war und jetzt der erste wurde; von ihm ausgehend, zählte man zweiter, dritter ... bis zum zwölften Monat, ohne ihnen besondere Namen beizulegen.[1] Der Pentateuch und das Buch Josua gebrauchen ausschließlich dies System, wie von Büchern, die viel jünger sind als die Epoche Salomos, zu erwarten ist; ja sie projizieren es nicht nur in die Zeiten vor Josua und Moses, sondern sogar in die Zeit vor der Sintflut. Die Chronologie derselben ist nach diesen Zahlennamen der Monate angeordnet, wie man in den Kapiteln 7 und 8 der Genesis sehen kann.

Sieht man also vom Pentateuch und vom Buche Josua ab, so könnte man die älteste Erwähnung dieser Namen in einer von der Chronik[2] uns aufbewahrten Nachricht entdecken, wo es von einigen berühmten Kriegern Davids heißt: „Diese [kamen] von den Gaditen, die Heerführer, deren geringster es mit hundert, deren größter es mit tausend aufnehmen konnte. Diese waren es, die den Jordan überschritten im ersten Monat, als er seine Ufer bis an den Rand füllte, usw." Diese Erzählung kann, wenn nicht aus der Zeit Davids, so doch aus der Epoche datieren, in welcher zuerst die Erinnerungen an die Regierung Davids schriftlich fixiert wurden, nämlich aus der Epoche Salomos.

Sicherer ist, was die Zeit betrifft, die Erwähnung der neuen Zahlennamen bei dem Verfasser der Beschreibung des Tempels und seiner Einweihung im 1. Buche der Könige[3], wo zugleich

---

[1]) Dies war schon im 15. Jahrhundert v. Chr. der im Lande Mitanni (West-Mesopotamien) geübte Brauch. Vgl. einen Brief von Dušratta, König von Mitanni, an den König von Ägypten Amenophis III., in dem der sechste Monat erwähnt wird: *Proceedings of the Society of Biblical Archaeology* Vol. 13 552. Von diesem Gebrauche sind auch die römischen Namen *Quintilis*, *Sextilis*, *September* usw. herzuleiten. Ferner benannten die Chinesen während der ganzen langen Dauer ihrer Geschichte die Monate niemals anders als mit der Zahlenreihe.

[2]) 1. Chron. 12, 14 und 15. Über die Glaubwürdigkeit dieser Nachricht s. die folgende Anmerkung.

[3]) 1. Kön. 6, 1, 37, 38; 8, 2. In der Chronik, wo die Erzählungen vom Bau des Tempels und seiner Weihe aus 1. Kön. übernommen sind, sind die kanaanäischen Monatsnamen unterdrückt und allein die Zahlennamen beibehalten. Diese Streichung verringert sehr die Autorität, welche die der Chronik für die vorliegende Erörterung entnommenen Angaben haben könnten. Doch wenn man auch diese Angaben nicht berücksichtigen will, so bleibt noch genügendes Material, um die Schlüsse, die wir gezogen haben, aufrecht zu halten.

Benennung der Monate mit Zahlen.

die entsprechenden kananäischen Namen angegeben sind. Diese doppelte Angabe beweist, daß zur Zeit jenes Schriftstellers noch beide Klassen von Namen in Gebrauch waren.[1] Denn es ist nicht wahrscheinlich, daß die Zahlennamen zur Bequemlichkeit der Leser hinzugefügt worden sind, als die kananäischen Monate gänzlich in Vergessenheit geraten waren. Doch wie es auch hiermit sein mag, so viel steht fest, daß nicht später als vierzig Jahre nach Einweihung des Tempels die Zahlennamen in voller Geltung standen; wir lesen in der Tat im selben 1. Buche der Könige[2], daß Jerobeam, nachdem er neue Kultusformen in dem von ihm gegründeten Reiche Israel festgesetzt hatte, „ein Fest einrichtete am fünfzehnten Tage des achten Monats, in der Weise des Festes, das in Juda stattfand... Und er stieg hinauf zu dem Altare, den er zu Bethel errichtet hatte, am fünfzehnten Tage des achten Monats, in dem Monat, den er sich selber erdacht hatte".

Von dieser Zeit an werden die Monate häufiger, und zwar stets mit den Zahlennamen, erwähnt. Ein großes Opfer wird in Jerusalem im dritten Monat des fünfzehnten Jahres der Regierung Asas, Königs von Juda, dargebracht.[3] Hiskia begeht feierlich das Passah am vierzehnten Tage des zweiten Monats im ersten Jahre seiner Regierung.[4] Desgleichen hält Josia ein feierliches Passah im 18. Jahre seiner Regierung am vierzehnten Tage des ersten Monats.[5] Die verschiedenen Daten, welche die Zerstörung Jerusalems durch Nebukadnezar im Jahre 586 v. Chr. betreffen, sind alle in den Zahlennamen ausgedrückt[6]; ebenso die des Todes Gedaljas und der Freilassung Jojachins.[7] Ebenso auch die vielen Daten, welche in den Prophetien des Jeremia, Ezechiel, Haggai, Sacharja und im Buche Esra[8] vorkommen,

---

[1]) In derselben Weise und aus demselben Grunde rühren die doppelten Benennungen der Monate bei dem Propheten Sacharja (mit Zahlennamen und babylonischen Namen) daher, daß zu seiner Zeit beide Namensysteme gebraucht wurden.

[2]) 1. Kön. 12, 32—33. — [3]) 2. Chron. 15, 10. — [4]) 2. Chron. 30, 2 und 15. — [5]) 2. Chron. 35, 1. — [6]) 2. Kön. 25, 1 und 8. — [7]) 2. Kön. 25, 25 und 27.

[8]) Eine scheinbare Ausnahme macht Esra 6, 15, wo, statt zu sagen der 12. Monat, der babylonische Monat *Adar* angeführt wird. Man beachte jedoch, daß diese Ausnahme in den aramäischen Teil des Buches Esra (von 4, 8 bis 6, 18) fällt. Im Rest des Buches werden überall die Zahlennamen gebraucht.

gar nicht zu reden von anderen jüngeren Büchern, wie der Chronik, dem Buche Judith und dem ersten Buche der Makkabäer.

83. Doch als sich zur Zeit des Exils die Nation wie verloren inmitten der mesopotamischen Völker befand, kamen auch die Namen der lunaren Monate, welche jene Völker gebrauchten, bei den Israeliten mit derselben Leichtigkeit in allgemeine Übung, mit welcher einige Jahrhunderte früher die phönizischen oder kananäischen Namen in Gebrauch gekommen waren. Darum sieht man bereits in der Prophetie Sacharjas (520 v. Chr.) kurz nach der Rückkehr aus dem Exil, in den autobiographischen Memoiren[1] Nehemias (440 v. Chr.) und in andern spätern Schriften, wie in beiden Büchern der Makkabäer und im Buche Esther, ein neues System von Monatsnamen auftauchen, das vorher von den israelitischen Schriftstellern nicht gebraucht wurde. Diese Namen hielt man bereits mit Grund für babylonischen Ursprungs; dies wurde durch die neuen Entdeckungen der assyrisch-babylonischen Keilinschriften außer Zweifel gestellt, durch welche bewiesen ist, daß jene Namen mit unbedeutenden Änderungen die Namen sind, welche in Babylonien und im untern Chaldäa seit unvordenklicher Zeit gebraucht wurden, und die auch die Assyrer und zu einem großen Teile noch die Aramäer von Nordsyrien und Westmesopotamien angenommen hatten.

Die Beziehungen zwischen diesen verschiedenen Kalendern sind in der folgenden Tabelle veranschaulicht, in der die erste Spalte die Zahlennamen nach dem nachsalomonischen hebräischen Gebrauch enthält. Die zweite die neuen Namen, welche im Alten Testamente zum ersten Mal bei dem Propheten Sacharja erscheinen: Namen, die von da an im religiösen Kalender der Israeliten stets benutzt wurden und immer noch benutzt werden. Die dritte Spalte gibt die Namen des babylonischen Kalenders, wie sie auf unzähligen assyrischen und babylonischen Keilinschriften vorkommen.[2] In der vierten Spalte stehen die lunaren Monate der Syrer, wie sie später von den Seleuciden

---

[1] Im Buche Nehemia gehen seine Originalmemoiren vom Anfang des Buches bis 7,69 und setzen wieder ein mit Kap. 13 bis zum Ende. Der Rest ist Erzählung eines andern Schriftstellers, der stets die Zahlennamen gebraucht, gerade so wie der Verfasser des Buches Esra, mit dem er vielleicht identisch ist.

[2] Sie sind hier aus der Liste übernommen, die Sayce in den *Transactions of the Society of Biblical Archaeology*, Vol. 3 158—159 veröffentlichte. [S. Winckler KAT 330.]

Tabelle der Monatsnamen.

in ihrem offiziellen Kalender vom Jahre 312 v. Chr. ab angenommen wurden[1]. Während jedoch in den vorangehenden Reihen der erste Name auch der des ersten Monats des Jahres ist, ist im syrischen Kalender der erste Monat des Jahres der siebente der Liste; mit andern Worten, während die Hebräer und Babylonier das Jahr im Frühling mit dem *Nîsan* begannen, begannen es die Syrer sechs Monate später im Herbst mit dem *Tischrî I*. In der letzten Spalte sind die entsprechenden Namen unsers Kalenders hinzugefügt. Da es sich um Mondmonate handelt, deren Anfang an einen Neumond gebunden ist, kann diese Gleichsetzung nur eine ganz ungefähre sein.

Hebräische Namen		Assyrisch-babylonische Namen	Syrische Namen	Entspricht ungefähr unserm
Zahlen	nach dem Exil			
1. Monat	Nîsan	Nisannu	Nîsan	April
2. „	Ijjar	Airu	Ijar	Mai
3. „	Sîwan	Sîmânu	Chazîran	Juni
4. „	Tammûz	Dûzu	Tamûz	Juli
5. „	Ab	Abu	Ab	August
6. „	Elûl	Ulûlu	Elûl	September
7. „	Tischrî	Taschrîthu	Tischrî I	Oktober
8. „	Marcheschwan	Arach schamna	Tischrî II	November
9. „	Kislew	Kis(i)limu	Kanûn I	Dezember
10. „	Tebeth	Tebêthu	Kanûn II	Januar
11. „	Schebaṭ	Schabâṭu	Schebaṭ	Februar
12. „	Adar	Addaru	Adar	März

Der Schaltmonat, den man von Zeit zu Zeit einfügen mußte, damit das Jahr nicht vom Laufe der Sonne abwich, wurde von den Hebräern nach dem Muster der Babylonier hinter den Adar als dreizehnter Monat gestellt und *Weadar* genannt, was zweiter Adar (wörtlich *und Adar*) bedeutet.

Der Vergleich der Spalten 2, 3, 4 zeigt, daß die Hebräer ihre Monatsnamen von den Babyloniern und nicht von den Syrern, wie man eine Zeit lang glaubte, entnommen haben.

---

[1]) Aus Ideler, *Handbuch der mathematischen und technischen Chronologie* Bd. 1 430. Natürlich soll hier nur von der lunisolaren Rechnung gesprochen werden, welche die Syrer gebrauchten, bevor sie ihren Kalender dem Brauche der Römer anpaßten und ihn zu einer einfachen Variante des julianischen Kalenders machten.

7. Kapitel. Die hebräischen Monate.

Die Spalten 2 und 3 sind augenscheinlich fast identisch; der wichtigste Unterschied ist an der achten Stelle. Die Babylonier gaben jedem Monat einen Eigennamen; nur mit dem achten machten sie eine Ausnahme und nannten ihn einfach *arach schamna*, was in ihrer Sprache *achter Monat* bedeutet. Mir ist nicht bekannt, daß bis jetzt jemand den Grund dieser Unregelmäßigkeit nachgewiesen hat. So viel steht fest, im hebräischen Kalender ist sie verschwunden. Statt *arach schamna* (das durch *jerach schemînî* hätte ins Hebräische übersetzt werden müssen) finden wir den Namen *Marcheschwan*, der dem ältesten persischen Kalender, wie ihn die ersten Achämeniden gebrauchten, entnommen ist.[1]

So gewöhnten sich die Israeliten, indem sie die Reihenfolge der Monate beibehielten, und ohne das Ritual ihrer Feste zu verwirren, nach und nach an die babylonischen Monate, die sie dann stets beibehielten und noch jetzt in ihrem religiösen Kalender gebrauchen. Die einzige Änderung bestand darin, daß nach der Zerstreuung das Jahr im Herbst mit dem *Tischrî*, statt im Frühling mit dem *Nîsan*, begonnen wurde, wie ausführlicher im folgenden Kapitel dargelegt werden soll. Infolge dieser Änderung nahm der Schaltmonat *Weadar* dann die siebente statt der dreizehnten Stelle ein.

---

[1]) Der Name des Monats *Marcheschwan* kommt in der berühmten dreisprachigen Inschrift Darius' I. zu Behistan unter der persischen Form *Markazana* vor. Da in der Inschrift der entsprechende Teil des babylonischen Textes zerstört ist, kann man die Gleichsetzung von *Markazana* mit *Arach schamna* nicht mit dieser Inschrift belegen und kann sie einstweilen nur auf die lautliche Übereinstimmung von *Markazana* und *Marcheschwan* stützen. Diese Gleichsetzung billigt auch Rawlinson in seiner Übersetzung der Inschrift von Behistan, die er in der Sammlung *Records of the Past* Vol. 1 125 veröffentlicht hat. Nach andern ist *Marcheschwan* eine einfache Modifikation des babylonischen Namens *Arach schamna*. Diese Ansicht läßt sich mit guten Gründen verteidigen.

Achtes Kapitel

Das hebräische Jahr

Verschiedener Jahresanfang in verschiedenen Epochen — Bestimmung des Passahmonats — Was wußten die alten Hebräer von der Dauer des Jahres? — Gebrauch der Oktaeteris — Astronomische Schulen in den jüdischen Gemeinden Babyloniens.

84. Wie der Mond dazu diente, die Monate zu bestimmen, so bestimmte die Sonne mittelst der von ihr hervorgerufenen Erscheinungen der Temperatur und Vegetation die Dauer und Folge der Jahre. Das hebräische Jahr war ein Sonnenjahr. Es war kein freies Jahr wie das der alten Ägypter oder das der Mohammedaner, weil die Israeliten seine Bestimmung in der Weise, die ich sogleich angeben werde, vom Laufe der Jahreszeiten und dem Sichwiederholen der landwirtschaftlichen Arbeiten abhängig machten. Daß es so seit den ersten Zeiten des Mosaismus war, dafür haben wir einen Beweis in einer Stelle des Ersten Kodex,[1] wo vorgeschrieben wird, „das Fest der Herbstlese *am Ende* des Jahres" zu beobachten; dies Fest pflegte im Herbst gefeiert zu werden, nachdem auch die letzten Erzeugnisse, wie Trauben und Spätfrüchte, vom Felde eingebracht waren. Im selben Kodex wird sodann das Fest der ungesäuerten Brote in den Monat *Abîb*, das ist in den Monat der Ähren, gelegt; hierdurch wird, wie man sieht, eine andere Abhängigkeit der Feste und Monate vom landwirtschaftlichen und also vom Sonnenjahre festgesetzt. In diesem Jahre jedoch wurden der Anfang und der Verlauf der Monate von den Mondphasen geregelt: es läßt sich also nicht bezweifeln, daß der Kalender der Hebräer, wie der der Babylonier, Syrer und Griechen, jederzeit ein lunisolarer Kalender gewesen ist. Bei einer solchen Rechnung begann das Jahr mit demjenigen Neumond, der den Anfang des ersten Monats bezeichnete. Doch dieser Anfangspunkt war für

---

[1] Exod. 23, 16.

das Volk Israel in den verschiedenen Perioden seiner Geschichte nicht immer der gleiche.

85. Im Ersten Kodex, der das älteste uns bekannte Stadium der mosaischen Gesetzgebung darstellt (s. § 10), wird der Jahresanfang in den Herbst nach Beendigung der Weinlese gelegt. „'Desgleichen halte' das Fest der Kornernte, der Erstlinge deines Landbaus, den du betreibst, und das Fest der Herbstlese *am Ende* des Jahres, wenn du die Bodenerzeugnisse einheimsest."[1]

Dieser alte Brauch, das Jahr im Herbst nach Beendigung der landwirtschaftlichen Arbeiten zu beginnen, wurde in einer Epoche abgeschafft, die wir jetzt nicht genau bestimmen können. Das 2. Buch Samuelis beginnt die Geschichte des unglücklichen Uria mit den Worten: „*Bei der Wiederkehr des Jahres* [Kautzsch: im folgenden Jahre] aber sandte David um die Zeit, da die Könige *ausziehen* [Kautzsch: ins Feld ziehen], Joab mit seinen Untergebenen und ganz Israel aus. Sie verheerten [das Land der] Ammoniter und belagerten Rabba."[2] Hier kann das *Ausziehen* von nichts anderem verstanden werden als von einem Kriegszuge. Nun ist bekannt, daß im alten Asien, wie bei uns, die gewöhnliche Zeit zum Auszug in den Krieg der Frühling war; eine große Zahl von Beispielen hierfür findet man in den Inschriften der kriegerischen Herrscher von Assyrien.[3] Also

---

[1]) Exod. 23, 16. Die Worte *am Ende des Jahres* sind im Hebräischen durch *beçêth ha-schanah* ausgedrückt; hier läßt das Wort *beçêth* keine Unsicherheit und bedeutet *beim Ausgang* [Kautzsch: um die Wende]. Diese Vorschrift ist in die Urkunde Exod. 34, 10—26 übernommen worden; dieselbe beansprucht, der Text der zehn Artikel des grundlegenden Vertrages zu sein, der auf dem Sinai zwischen Jahwe und Israel geschlossen und (an einer Stelle heißt es von Gott, an einer andern von Moses) auf die beiden steinernen, in der Bundeslade aufbewahrten Tafeln geschrieben wurde. Diese Urkunde ist in ihrer zweiten Hälfte nichts als eine etwas veränderte Kopie des letzten Abschnittes des Ersten Kodex, Exod. 23, 12—19. Zu den Veränderungen gehört der Ersatz von *beçêth ha-schanah*, (am Ende des Jahres) durch *teqûphath ha-schanah*, was Gesenius mit *ad* (post) *decursum anni* übersetzt (s. *Thesaurus* 1208). Dieser Ersatz wurde wahrscheinlich vorgenommen, als der Jahresanfang schon in den Frühling verlegt war.

[2]) 2. Sam. 11, 1. Die Phrase *bei der Wiederkehr des Jahres* wird im Hebräischen durch *litheschûbath ha-schanah* ausgedrückt, bei den LXX durch ἐπιστρέψαντος τοῦ ἐνιαυτοῦ. Dasselbe wird an der Stelle 1. Chron. 20, 1 wiederholt.

[3]) Ich habe die Inschriften mehrerer dieser Herrscher untersucht welche detaillierte Annalen in regelmäßiger Form hinterlassen haben. Fünf von ihnen (nämlich Assurnasirpal, Salmanassar II., Samsi-Adad IV. Sargon und Assurbanipal) haben mir elf Daten bezüglich des Tages und

fiel zu der Zeit, in welcher jene Worte aus 2. Samuelis geschrieben wurden, der Jahresanfang in den Frühling. Nimmt man an, daß der Schriftsteller sie aus Urkunden entnommen hat, die dem Ereignis gleichzeitig waren oder wenig später abgefaßt wurden, hätte man eine Grenze, bis zu welcher man den Brauch, das Jahr im Frühling zu beginnen, zurückführen müßte; diese Grenze könnte nicht viel später als die Regierung Davids und jedenfalls nicht jünger als die Regierung Salomos sein.

Anläßlich eines Krieges, der zwischen dem Reiche Israel und Benhadad, König von Syrien, ausgebrochen war, sagt der Prophet Elias zu König Ahab: „Wohlan, halte dich wacker und sieh wohl zu, was du tun willst; denn *bei der Wiederkehr des Jahres* wird der König von Aram gegen dich heranziehen."[1] Hier stehen wir vor einer Tatsache, die der soeben angeführten analog ist, aus der wir also den gleichen Schluß ziehen. Ein drittes Beispiel derselben Art findet sich im 2. Buche der Chronik; es bezieht sich auf die Zeit des Joas, Königs von Juda: „Und *bei der Wiederkehr des Jahres* rückte das Heer der Aramäer wider ihn (Joas) an."[2]

An zwei andern Stellen der Chronik[3] wird von einem feierlichen Passah gesprochen, das Hiskia *im zweiten Monat*, und von einem andern feierlichen Passah, das Josia *im ersten Monat* feierte. Da das Passah unzertrennlich vom Frühling ist, würde aus diesen beiden Stellen hervorgehen, daß der Jahresanfang während der Regierungszeit Hiskias und Josias im Frühling gewesen ist.

Schließlich findet man eine schöne und klare Angabe des Jahresanfangs für die letzten Zeiten des Reiches Juda bei Jeremia[4], wo er erzählt, daß im fünften Jahre Jojakims, des Sohnes Josias, „der König in der Winterwohnung saß, da es im neunten Monate war, und vor ihm brannte das Kohlenbecken". Nimmt man nun an, daß zur Zeit Jeremias das Jahr im Frühling begann, so fiel der neunte Monat in den Januar; was gut die Winterwohnung und das Kohlenbecken rechtfertigt.

Monats geliefert, an dem sie aus ihren Hauptstädten (Ninive, Kalah, Babel) auf weite Kriegszüge ausrückten. Von diesen Daten gehören drei in den Monat *Airu*, der April-Mai entsprach: sieben in den Monat *Sîmânu*, der Mai-Juni entsprach, eins in den Monat *Abu*, der Juli-August entsprach. Wie man sieht, gehören von elf Daten zehn in den Frühling.

[1] 1. Kön. 20, 22 und 26. Auch hier *litheschûbath ha-schanah*.
[2] 2. Chron. 24, 23. Hier haben wir *teqûphath ha-schanah*.
[3] 2. Chron. 30, 2 und 15; 35, 1. — [4] Jerem. 36, 22.

86. Diese Zeugnisse genügen, scheint mir, um zu beweisen, daß der Brauch, das Jahr im Frühling zu beginnen, nicht nach der Zerstörung des ersten Tempels aus Babylon eingeführt ist, sondern sicher einige Jahrhunderte früher und wahrscheinlich bereits zur Zeit Salomos geübt wurde.[1] Daß dieser Gebrauch bei den hebräischen Schriftstellern des Exils und den nachexilischen in voller Geltung stand, und daß das Passah nach ihrer übereinstimmenden Ansicht auf den Vollmond des ersten Monats, in den Monat der neuen Ähren, fiel, das beweist ein Blick in die Prophetien Jeremias, Ezechiels und Sacharjas, in die Bücher der Könige, den Priesterkodex und die Chronik. Die beiden letztern befolgen diesen Brauch nicht nur für die Zeiten, in denen er wirklich in Geltung war, sondern dehnen ihn durch Anticipation auch auf ältere Zeiten aus, in welchen nach sichern Zeugnissen der Jahresanfang bekanntlich im Herbst statt hatte. Es hatte sich also allmählich die Überlieferung gebildet, daß schon Moses noch vor dem Auszug der Hebräer aus Ägypten die Vorschrift gegeben habe, das Jahr mit dem Passahmond zu beginnen: „Der laufende Monat (des Auszugs aus Ägypten) soll für euch an der Spitze der Monate stehen; als erster unter den Monaten des Jahres soll er euch gelten."

Doch aus den obigen Darlegungen geht als ziemlich wahrscheinlich hervor, daß die Verlegung des Jahresanfangs vom Herbst auf den Frühling zur Zeit Salomos stattgefunden hat; damals nach Erbauung des Tempels erhielten auch die Formen des Kultus eine regelmäßigere Organisation und wurden prächtig und verwickelt, was sie früher sicher nicht waren. Es ist in der Tat bemerkenswert, daß zu dieser selben Zeit die alten Monatsnamen abgeschafft wurden, welche die Hebräer mit den Kananäern und Phöniziern gemein hatten, und daß die Zahl-

---

[1] Wellhausen (*Prolegomena zur Geschichte Israels*, 3. Ausg. Berlin 1886 109) ist der Ansicht, daß man während der ganzen Königszeit das Jahr mit dem Herbst beginnen ließ. „Das Deuteronomium, sagt er, wurde im 18. Jahre Josias aufgefunden, und noch im selben Jahre Ostern nach Vorschrift dieses Gesetzes begangen — das war nur möglich bei Jahresanfang im Herbst." Dazu ist erstens zu bemerken, daß das Passah nicht am ersten, sondern am fünfzehnten Tage des Jahres gefeiert wurde. Man hatte also 14 Tage Zeit, um das Buch zu lesen und die nötigen Anordnungen zu einem feierlichen und allgemeinen Passah für das ganze kleine Reich Juda zu treffen. Überdies verflossen nur 17 oder 18 Jahre vom 18. Jahre Josias bis zum fünften Jahre Jojakims, welches *sicher* im Frühling begann, wie man soeben gesehen hat. Man müßte also annehmen, daß in diesem Zwischenraum eine Reform des Kalenders vorgenommen wurde, von der keine Kunde auf uns gekommen wäre.

wörter von eins bis zwölf sie ersetzten, indem dem vom Frühling unzertrennlichen Passahmonat die erste Stelle angewiesen wurde.

87. Für den religiösen Gebrauch behielt man den Jahresanfang im Frühling wenigstens bis zur Zerstörung des zweiten Tempels und bis zur Zerstreuung der Nation bei. Doch schon in der Epoche der persischen Herrschaft bewirkte die lange Berührung mit den aramäischen Völkern, zu der die Hebräer gezwungen waren, und später der Einfluß der Könige von Syrien, daß im bürgerlichen Gebrauch nach und nach auch bei ihnen die Sitte Eingang fand, das Jahr im Herbst zu beginnen, wie es die Syrer taten, indem sie so zu den alten von den Kananäern erlernten Normen zurückkehrten.

Wann dies geschah, läßt sich nicht genau angeben; doch so viel ist sicher, daß diese bürgerliche Rechnung schon bei Nehemia gebraucht wird, den Artaxerxes I. als Zivilbeamten in Jerusalem eingesetzt hatte.[1] Der Brauch, den Anfang des siebenten Monats mit Trompetenschall zu begleiten, scheint darauf hinzuweisen, daß man auf diese Weise das bürgerliche Jahr einzuweihen beabsichtigte. Dieser Brauch ist in den vorexilischen Gesetzgebungen in der Tat unbekannt und findet sich nur in Leviticus (23, 24) und Numeri (29, 1), deren Schlußredaktion erst nach Nehemia vorgenommen worden sein kann. Zum selben Schlusse gelangt man, wenn man die Art betrachtet, in welcher die Ruhe des Landes im Sabbatjahr vorgeschrieben wird (Levit. 25, 4—5): „Aber das siebente Jahr soll für das Land eine Zeit unbedingter Ruhe sein, eine Ruhezeit für Jahwe. Du darfst dein Feld nicht besäen, noch deinen Weinberg beschneiden; den Nachwuchs deiner [vorigen] Ernte darfst du nicht einernten und die Trauben deines unbeschnittenen Weinstocks nicht lesen — es soll ein Ruhejahr sein für das

---

[1]) Nehemia erzählt in seinen Denkwürdigkeiten (Neh. 1, 1), daß er im zwanzigsten Jahre des Artaxerxes im Monat Kislew von Hanani Kunde über den schlechten Stand der Dinge in Jerusalem erhielt, und daß er nach verschiedenen Zwischenfällen im Monat Nîsan desselben Jahres (2, 1) von Artaxerxes die Erlaubnis erhielt, sich nach Judäa zu begeben, um ihm abzuhelfen. Nun kann man leicht sehen, daß, falls die Jahre vom Frühling an gezählt wären und mit dem Nîsan begännen, die Daten Nehemias einen Widerspruch enthielten. Man muß also annehmen, daß Nehemia das Jahr nach dem bürgerlichen Brauche mit dem Tischrî begann, wie auch die von ihm angewandten Monatsnamen die des bürgerlichen Jahres sind. Und dies ist auch von einem Zivilbeamten, wie Nehemia es war, zu erwarten.

Land." Hier, wie im alten Gesetze des Ersten Kodex (Exod. 23, 11—12), handelt es sich offenbar um die Aussaat, die Ernte und die Weinlese eines und desselben landwirtschaftlichen Jahres, welches nur im Herbst beginnen kann. Die gleiche Bemerkung gilt auch für das Jubeljahr, das nach der Vorschrift am zehnten Tage des siebenten Monats und zwar ebenfalls unter Trompetenschall (Levit. 25, 9—12), eingeweiht werden mußte und vom Herbst des einen Jahres bis zum Herbst des folgenden Jahres dauerte. Dagegen war die Zählung der Monate immer die des religiösen Jahres, das im Frühling mit dem ersten Monat oder *Nisan* begann; wenigstens gilt dies für die Epochen des Alten Testaments. Doch der Brauch, das bürgerliche Jahr nach der Weise der Syrer im Herbst mit dem *Tischrî* zu beginnen, gewann immer mehr die Oberhand und dauerte auch unter den Seleuciden, unter den Hasmonäern und in den spätern jüdischen Schulen fort; schließlich drang er auch im religiösen Kalender durch, der von den Rabbinen im 4. Jahrhundert n. Chr. geordnet wurde und noch heute im Gebrauch ist.

88. Schon oben (§ 84) haben wir erwähnt, daß das Jahr der Hebräer von Anfang an nach dem Laufe der Sonne geregelt wurde, in der Weise, daß es mit den Jahreszeiten in beständiger Beziehung stand. Wir wollen nun etwas genauer diese Beziehung auseinandersetzen, nämlich die Stellung, welche die hebräischen Feste im Jahre einnahmen; Feste landwirtschaftlichen Charakters, die deshalb eng an den Lauf der Jahreszeiten gebunden sind.

Im ersten Monat, an dem Abend, der den 14. Tag beschloß und den 15. begann, bei Vollmond[1] feierte man das Passah, und das Fest dauerte 24 Stunden lang bis zum Abend des folgenden 15. Tages. Mit dem 14. Abend des ersten Monats begann auch die Woche der ungesäuerten Brote und dauerte sieben Tage lang bis zum 21. Abend, vom Abend des Neumonds an gerechnet. An demjenigen der sieben Tage, welcher auf

---

[1]) Man darf nicht vergessen, daß der Neumond, der Monatsanfang, mit der Beobachtung der abendlichen Mondsichel zusammenfiel, was gegenüber dem astronomischen Neumond, das ist gegenüber der tatsächlichen geocentrischen Konjunktion des Mondes mit der Sonne, eine Verspätung von einem bis zwei Tagen ist. Daher fiel der Vollmond häufiger auf den 14. als auf den 15. Tag. — [Ursprünglich ist das Passah wohl ein *Geburtsfest* nach dem Werfen des Viehs. S. Nielsen, *Mondreligion* 92, 199.]

den Sabbat folgte, wurde der ʿomer[1] dargebracht, ein Maß noch milchfarbiger Körner der frischen Gerste, die im Feuer geröstet und gemahlen waren. Hier haben wir die erste Beziehung des hebräischen Kalenders zu den Jahreszeiten: es mußten nämlich einige Tage nach der Mitte des ersten Monats die Ähren der Gerste ganz oder fast ganz entwickelt sein, wenn es auch nicht nötig war, vollkommen reife und ausgetrocknete zu haben. Die Gerste beginnt in Palästina mit Anfang April zu reifen, und an den tiefer gelegenen und wärmeren Orten beginnt man am Ende desselben Monats ihren Schnitt. Daraus geht klar hervor, daß der erste Neumond, der Anfang des ersten Monats und des hebräischen Jahres, frühestens erst in den letzten Tagen des März, und das Opfer des ʿomer frühestens einige Tage vor Mitte April statt haben konnte.

Von diesem Opfer an war es erlaubt, mit der Ernte zu beginnen und vom neuen Getreide sich zu nähren. Der Schnitt des Korns fiel etwas später als der der Gerste, und durch das kältere Klima wurde er für die höher liegenden Ländereien überdies noch etwas hinausgeschoben; die Ernte war folglich erst in der zweiten Hälfte des Mai beendigt. Auf die Ernte folgte das sogenannte Wochenfest, dessen Zeit auf 7 Wochen oder 49 Tage nach dem Tage des ʿomer festgesetzt war[2]: „Von dem Tage ab, wo ihr *den* ʿomer darbrachtet, sollt ihr sieben volle Wochen zählen, bis zum Tage nach dem siebenten Sabbat sollt ihr zählen, [volle] fünfzig Tage." Am 50. Tage fand die Darbringung des Wochenfestes und das Erntefest statt; es konnte sich nach Zeit und Ort bis Ende Juni verzögern. Dies ist eine zweite Beziehung, welche den hebräischen Kalender in

---

[1]) Meist deutet man die Regeln, die im Pentateuch für die Darbringung des ʿomer gegeben werden, so, daß man diese Darbringung gleich auf den Tag nach dem Passah, auf den 16. des ersten Monats, setzt; so wird die Sache schon bei Josephus, dann auch in den rabbinischen Schriften, dargestellt. S. Winer, *Biblisches Realwörterb.* Bd. 2 201 und 243. Ich habe mich genau an das gehalten, was in Leviticus 23, 11 und 15 vorgeschrieben zu sein scheint. Der Erste Kodex und das Deuteronomium geben keine diesbezügliche Norm. Sie erwähnen die Darbringung des ʿomer nicht, und nur das Deuteronomium schreibt vor, fünfzig Tage *vom Beginn der Ernte an* zu zählen, um nach deren Verlauf das Fest der Erstlinge zu feiern. Der Erste Kodex scheint vorauszusetzen, daß das Fest der Erstlinge nach Beendigung der Ernte gefeiert werden müsse. Die Anordnung des Leviticus (die ziemlich unklar ausgedrückt ist, wie die abweichenden Erklärungen bezeugen) ist vielleicht nachexilischen Ursprungs.

[2]) Levit. 23, 15—16.

bezug auf die Jahreszeiten bestimmte. Der 50. Tag von der Darbringung des ʿomer an, der in die erste Hälfte des dritten Monats (ungefähr vom 6. bis zum 13.) traf, mußte nach Beendigung der Ernte fallen.

Andere Feste (außer jenen gewöhnlichen der Sabbate und Neumonde) kamen im hebräischen Kalender bis zum siebenten Monat nicht vor. Am ersten Tage des siebenten Monats aber wurde mit Trompetenschall das Gedenkfest der *terûʿah* oder des Freudengeschreis gefeiert.[1] Nicht ohne Wahrscheinlichkeit hat man hierin die Erinnerung an den alten Brauch erkennen wollen, fröhlich mit verschiedenartigem Lärm den Jahresanfang zu feiern, als er in den Herbst fiel und mit der Weinlese zusammenfiel oder kurz auf sie folgte. Das entsprechende Fest am Anfang des ersten Monats ist niemals gefeiert worden; im neuen System der Monate wurde der Jahresanfang durch keine besondere Feierlichkeit außer derjenigen, welche für alle Neumonde in Übung war, ausgezeichnet.

Im siebenten Monat, und zwar genau mit Vollmond, begann am 15. das dritte der großen jährlichen Feste, dasjenige, welches in alter Zeit Fest der Herbstlese und später Laubhüttenfest genannt wurde. Es dauerte 7 Tage vom 15. bis zum 21. und wurde als Dankfest nach Beendigung der Wein- und Olivenernte gefeiert. Es fiel in der Regel in unsern Oktober, und um diese Zeit mußten die Ernten des Feldes und des Weinbergs beendigt sein; das ergibt eine dritte Verknüpfung des hebräischen Kalenders mit den Jahreszeiten und mit dem Laufe der Sonne.

89. Dieser Kalender war also sowohl in seiner alten kananäischen als auch in der eben beschriebenen Form unauflöslich an den Lauf der Sonne gebunden. Doch um ihn in Ordnung zu halten, genügte es nicht, einfach jährlich zwölf Monde zu rechnen, wie heute die Mohammedaner tun. Es war nötig, von Zeit zu Zeit einen dreizehnten Mondumlauf einzuschieben. Lange Zeit, wie bekannt, wandten die babylonischen und griechischen Astronomen ihren ganzen Scharfsinn an, die Regeln für die Schaltung aufzufinden, ohne daß man sich zu sehr vom Laufe der beiden Lichter entfernte: die berühmten Namen des Harpalus, Kleostratus, Meton, Eudoxus, Kallippus, Hipparch sind mit diesem Problem verknüpft, dessen Lösung ein genaues

---

[1]) *Schabbathôn zikhrôn terûʿah* Levit. 23, 24. Das Wort *terûʿah* ist von *ruʿ* abzuleiten, das *vociferatus est, iubilavit, tuba cecinit* bedeutet, und durch *laetus clamor* zu übersetzen. S. Gesenius, *Thes.* 1277.

Studium der Umlaufszeiten der Sonne und des Mondes erforderte. Wie lösten die Weisen Israels dies Problem? Das Alte Testament liefert uns keine Nachricht, die zu unserer Aufklärung über diesen Punkt dienen könnte. Die Monate werden immer zu zwölf gezählt, und ein Schaltmonat wird niemals erwähnt. Ja manche Angaben scheinen dessen Vorhandensein auszuschließen. In der Chronik[1] sind die zwölf Abteilungen des hebräischen Heeres verzeichnet, die zur Zeit Davids abwechselnd, jede einen Monat lang, den Dienst verrichtet hätten; die Monate sind von eins bis zwölf gezählt ohne Hinweis auf den Schaltmonat, während dessen der Dienst unbesetzt geblieben wäre. Ähnlich werden im 1. Buche der Könige[2] zwölf Vögte aufgeführt, von welchen jeder einen Monat lang die Versorgung des Hofes Salomos übernehmen mußte; auch hier ohne Angabe, wem eventuell der Auftrag im dreizehnten Monat zufiel. Daraus haben einige Gelehrte schließen wollen, daß die hebräischen Monate nicht Mondmonate waren; doch das steht in offenbarem Widerspruch zu viel zahlreichern und sicherern Zeugnissen. Die Natur der Sache selbst zwingt uns zu der Annahme, daß man von Zeit zu Zeit dreizehn Monde zählte. „Ob also gleich, sagt Ideler[3], in den kanonischen Büchern des Alten Testaments nirgends von einem Schaltmonat die Rede ist, so werden wir dennoch einen solchen anzunehmen haben, weil zu den zwölf Monaten des Mondjahrs ab und zu ein dreizehnter kommen muß, wenn der Anfang des Jahres nicht alle Jahreszeiten durchwandern soll." Bei Unterlassung der Schaltung erhielte man ein dem mohammedanischen ähnliches Jahr, dessen Anfang alle Jahreszeiten beinahe dreimal in einem Jahrhundert durchläuft; das widerspräche der festen Stellung, welche, wie oben gezeigt, die hebräischen Monate zu den Jahreszeiten und zum Laufe der Sonne eingenommen haben.

Das Verfahren, das man anwandte, um die Monate in Einklang mit der Jahreszeit zu erhalten, konnte nur sehr einfach sein. Eine mutmaßliche Anspielung darauf findet sich im Deuteronomium am Anfang des 16. Kapitels, wo es heißt: *Beobachte* den Monat Abîb, daß du Jahwe, deinem Gotte, Passah-[feier] haltest; hier steht das Wort *beobachte* (im Hebräischen *schamôr*) für *achte, gib Acht auf*. Um den Zweck vollkommen

---

[1]) 1. Chron. 27, 1—15. — [2]) 1. Kön. 4, 7—20.
[3]) Ideler, *Handbuch der mathematischen und technischen Chronologie* Bd. 1 488—489.

zu erreichen, genügte es in der Tat, den Fortschritt der Saaten nach der Blüte zu beobachten, wenn die Ähren fest zu werden begannen. Man konnte dann leicht am Ende des 12. Mondumlaufs des abgelaufenen Jahres bestimmen, ob, wenn man das Jahr mit dem bevorstehenden Neumond begann, fünfzehn oder zwanzig Tage später die Ähren reif genug sein würden, um von ihnen den ʿomer darzubringen. In bejahendem Fall begann man das Jahr sogleich mit dem bevorstehenden Neumond; in entgegengesetztem Fall verschob man den Beginn des neuen Jahres auf den nächstfolgenden Neumond. Diese Methode, den Anfang des neuen Jahres und die Zeit des Passah zu bestimmen, die wir empirisch oder experimentell nennen würden, eignete sich sehr gut für ein hauptsächlich Ackerbau treibendes Volk; man brauchte sich dabei nicht mit Berechnungen des Laufes der Sonne und des Mondes zu quälen. Jedoch beruhte bei diesem System die Bestimmung des Jahresanfangs nicht nur auf dem Verhältnis der Umlaufszeiten der Sonne und des Mondes, sondern geriet auch vielfach in Abhängigkeit von der meteorologischen Beschaffenheit der vorangehenden Monate und vom Fortschritt der Vegetation in jedem Jahre; das wird unfehlbar einige Unregelmäßigkeiten in der Verteilung des dreizehnten oder Schaltmonats mit sich geführt haben. Bringt man die Zeiten in Anschlag, zu denen Gerste, Korn und Trauben in Palästina reif werden, kann man im ganzen annehmen, daß der Jahresanfang in der Regel am ersten, manchmal auch am zweiten Neumond nach der Frühlings-Tag- und Nachtgleiche gewesen sein wird; damit fiel Passah von der ersten Dekade des April bis zur ersten des Mai, das Wochenfest und das Ende der Getreideernte von der letzten Dekade des Mai bis zur letzten des Juni, das Fest der Herbstlese meist in den Oktober. Die Weinlese geschieht in den kältern Orten Palästinas gegen Ende September.[1] Wenn sodann gegen alle Voraussicht das Wetter so schlecht war, daß es die Darbringung der frischen Ähren am 15. Tage nach dem Beginn des Jahres unmöglich machte, konnte man noch ein letztes und unfehlbares Auskunftsmittel benutzen: es war nämlich gestattet, das Passah am 14. Tage des 2. Monats zu beginnen. Wenn wir der Chronik glauben dürfen, machte Hiskia von dieser Erlaubnis bei dem feierlichen Passah Gebrauch, das er im ersten Jahre seiner Regierung feierte.[2]

---

[1] Volney, *Voyage en Syrie et en Egypte* (Paris 1792) 192.
[2] 2. Chron. 30, 2—3. Ein Gesetz für analoge Fälle steht Num. 9, 10—11.

90. Es bleibt noch zu untersuchen, welche Kenntnis die Israeliten von der Dauer des tropischen Jahres besaßen, das heißt desjenigen Jahres, welches die Wiederkehr der Jahreszeiten bestimmt. Eine Hindeutung hierauf liefert uns einer der Schriftsteller der Genesis, dort, wo er dem Leben des Patriarchen Henoch, bevor er von Gott entrückt wurde, die Dauer von 365 Jahren zuschreibt; denn schwerlich ist diese Zahl hier zufällig gesetzt.[1] Aber wenn sie es auch wäre, so können wir doch nicht daran zweifeln, daß besagter Schriftsteller das Jahr von 365 Tagen kannte. In der Tat läßt er die Sintflut im 600. Jahre des Lebens Noahs am 17. Tage des 2. Monats beginnen, und das endgültige Trockenwerden der Erde und das Ende der Sintflut setzt er ins 601. Jahr des Lebens Noahs auf den 27. Tag des 2. Monats.[2] Diese Monate sind sicher die des hebräischen Kalenders, das heißt Mondumläufe. Die Sintflut hätte also 12 Monde und 11 Tage gedauert. Man kann hier die Absicht nicht verkennen, die Sintflut ein genaues Sonnenjahr dauern zu lassen; denn nimmt man 354 Tage für die Dauer von 12 Monden an (in Wirklichkeit sind es 354 Tage 9 Stunden), so ergeben sich als Totaldauer der Sintflut 365 Tage.[3]

91. Als die Israeliten in verschiedene weit von einander entfernte Gegenden der Erde, wie Ägypten und Babylonien, zerstreut wurden, wurde die früher angewandte Methode undurchführbar, den Jahresanfang durch Beobachtung der Reife der frischen Ähren zu bestimmen. Diejenigen, welche in Babylon wohnten, hatten nichts weiter zu tun, als der offiziellen Rechnung der Babylonier zu folgen, welche, das können wir annehmen, unter den damaligen Bedingungen, die die Opferpraxis nicht obligatorisch machten, für die hebräischen Normen ziemlich gut paßte. Doch die alexandrinischen Juden konnten nicht das gleiche tun; sie konnten die Kalender der Ägypter und noch weniger den der Römer nicht viel gebrauchen. Sie

---

[1]) Gen. 5, 24. — [2]) Gen. 7, 11 und 8, 14.
[3]) Im pseudepigraphen Buch Henoch und im Buch der Jubiläen, die beide um Christi Geburt verfaßt sind, finden sich noch ziemlich rohe Vorstellungen von den Elementen des lunisolaren Kalenders. Das Buch Henoch nimmt an, daß das Mondjahr genau gleich 354, und das Sonnenjahr gleich 364 Tagen sei. Siehe Kap. 71 jenes Buches in der Übersetzung Beers bei Kautzsch, *Die Apokryphen und Pseudepigraphen* Bd. 2. [Dagegen scheint das Rätsel vom Jahr, das in der syrischen (?) Achikar-Erzählung vorkommt, ein Sonnenjahr von 365 Tagen vorauszusetzen s. Wünsche, *Das Rätsel vom Jahr*, in der Zeitschrift für vergleichende Literaturgeschichte N. F. Bd. 9 (1896) 434—435.]

8. Kapitel. Das hebräische Jahr.

waren immer gezwungen, die diesbezüglichen Nachrichten vom palästinensischen Synhedrium einzuholen. Da nahmen sie nach dem Bericht des Julius Africanus die *Oktaeteris*[1] der Griechen an, indem sie sie 8 Jahren zu $365^{1}/_{4}$ Tagen und 99 Monden zu $29\ ^{17}/_{33}$ Tagen gleichsetzten. Diese Rechnung war jedoch sehr unvollkommen; wenn man, wie es natürlich war, die Festlichkeiten dem Laufe des Mondes anpaßte, verlor man schnell die Übereinstimmung mit dem Laufe der Sonne und mit den Jahreszeiten.[2] Der Ruhm, der Berechnung der Feste und der Beobachtung der Riten eine endgültige Grundlage zu geben, war den babylonischen Juden vorbehalten, den Nachkommen der alten Verbannten, die Nebukadnezar dorthin verpflanzt hatte. Nach mannigfachen Wechselfällen und manchen Bedrückungen erlangten sie unter den Arsaciden und unter den ersten Sassaniden Gunst oder wenigstens wohlwollende Duldung; die jüdischen Gemeinden am Euphrat blühten, und mit der Entwickelung des materiellen Wohlstandes sproßten auch geistige Keime üppig bei ihnen auf. In der ersten Hälfte des dritten Jahrhunderts wird in den Schulen von Nahardea und Sura die Astronomie von berühmten Professoren, wie Rabbi Samuel[3] und Rabbi Adda, gepflegt und gelehrt; diese waren nicht nur im Besitz der genauen Elemente betreffs der Bewegung der Sonne und des Mondes, sondern kannten auch den Me-

---

[1] Jul. Afric. apud Syncellum (*Chronogr.* 611 ed. Bonn). Dasselbe wird fast genau so von Cedrenus wiederholt (Vol. 1 343 ed. Bonn). Eine, wenn auch sehr unvollkommene, Vorstellung von der Oktaeteris hatte schon der Verfasser des Buches Henoch, der in Kap. 74 von ihr spricht.

[2] Acht Jahre sind nach dem Laufe der Sonne annähernd gleich 2922 Tagen, während 99 Monde in Wirklichkeit $2923^{1}/_{2}$ Tage ergeben. Rechnete man die Zeit nach Monden, so hatte man in 8 Jahren einen Fehler von $1^{1}/_{2}$ Tagen mehr und in 80 Jahren von 15 Tagen: und um so viel mußte die Rechnung vom tatsächlichen Laufe der Jahreszeiten abweichen. Ideler (*Handbuch der Chronologie* Bd. 1 571—572 und Bd. 2 243 und 615) weist auch darauf hin, daß nach einigen Zeugnissen die Juden eine Periode von 84 Jahren gebraucht hätten. Doch diese Nachrichten sind zu unsicher, als daß man auf sie bauen könnte: weder im Talmud noch bei einem der rabbinischen Schriftsteller ist davon die Rede. — Schürer, *Geschichte des jüdischen Volkes im Zeitalter Jesu Christi* 4. Aufl. Bd. 1 751—755 hat verschiedene Nachrichten über die Art gesammelt, auf welche die Juden in den Jahrhunderten unmittelbar vor und unmittelbar nach Christi Geburt die Einschaltung des 13. Monats bestimmten.

[3] Von Rabbi Samuel wird erzählt, daß er von den Sternschnuppen gesagt habe: „Die Wege des Himmels sind mir bekannt, wie die Wege der Stadt Nahardea; doch was ein fallender Stern ist, weiß ich nicht."

tonischen Cyklus. Waren sie die Erben der absterbenden Astronomie der Babylonier, oder waren sie bei den Griechen in die Schule gegangen? Wie dem auch sein mag, schon diese Meister hatten die Berechnung der Neumonde und der Tag- und Nachtgleichen auf ein zuverlässiges Verfahren zu bringen gewußt. Damit war das dringendste Bedürfnis erfüllt und damit waren die Grundlagen des gegenwärtigen jüdischen Kalenders gelegt, der, wie man annimmt, von Rabbi Hillel um die Mitte des 4. Jahrhunderts in ein abschließendes System gebracht wurde.[1]

---

[1]) Über die Entstehung und über die Geschichte des jüdischen Kalenders, womit wir uns hier nicht beschäftigen können, vergleiche man Ideler, *Handbuch der mathematischen und technischen Chronologie* Bd. 1 570—583.

Neuntes Kapitel

Bildung von Perioden durch die Siebenzahl

Babylonische Mondwoche und freie hebräische Woche — Sabbatruhe — Jahr der Freilassung — Erlaßjahr — Sabbatjahr — Epochen des Sabbatjahrs — Hebräisches Jubeljahr — Fragen betreffs seines Ursprungs und Gebrauchs.

92. Die Länge der monatlichen Periode, die durch die Mondphasen bestimmt wird, steht ihrer bequemen Anwendung für manche Zwecke des sozialen Lebens entgegen. Verschiedene Völker haben, sobald sie eine gewisse Stufe der Zivilisation erreicht hatten, das Bedürfnis gefühlt, die Zeit in kürzere Intervalle einzuteilen, sei es um die religiösen Feste und Zeremonien zu regeln, sei es um eine leicht zu beobachtende Ordnung in den Märkten und in jenen andern Dingen zu haben, die in Zwischenräumen von wenigen Tagen wiederkehren. Daher entstanden Cyklen, die eine kleine Zahl von Tagen umfassen.[1] So finden wir eine Periode von 3 Tagen bei den Muysca der Hochebene von Bogotà, eine von 5 Tagen bei den Mexikanern vor der spanischen Eroberung, die Woche von 7 Tagen bei den Hebräern, den Babyloniern und den Peruanern zur Zeit der Inkas. Bekannt sind die achttägige Periode *(nundinae)*, welche die Römer zur Zeit der Republik anwandten, und schließlich die zehntägige, die bei den alten Ägyptern und bei den Athenern gültig war. In der Mehrzahl der Fälle waren diese Perioden so angeordnet, daß sie den Mondumlauf in gleiche oder fast gleiche Teile zerlegten. So die Dekade, die bei den Ägyptern genau,

---

[[1]] Vgl. W. H. Roscher, *Die enneadischen und hebdomadischen Fristen und Wochen der ältesten Griechen* (Leipzig 1903) in den Abhandlungen der philol.-hist. Kl. der Sächs. Ges. d. Wiss. Bd. 21, Nr. 4; S. 14 weist er darauf hin, daß schon Kant die Heiligkeit der Neun und der Sieben auf einen „astronomischen Grund" zurückführt: die Zahl 9 scheint ihm zur Einteilung des periodischen, die Zahl 7 zur Einteilung des synodischen Monats am geschicktesten zu sein.]

Babylonische und hebräische Woche.

bei den Athenern annähernd gleich dem dritten Teile des ganzen Monats war. Die Woche wurde bei den Babyloniern durch die Mondviertel bestimmt. Und bei den Mexikanern war der fünftägige Zeitraum ein Viertel ihres Monats, der, wie wir wissen, nur 20 Tage hatte.

93. Da die Dauer eines Mondumlaufs ungefähr 29$\frac{1}{2}$ Tage beträgt, so ergibt ein Viertel davon 7$\frac{3}{8}$ Tage. Doch man konnte hier nur ganze Zahlen gebrauchen und war deshalb gezwungen, sich an die nächste ganze Zahl zu halten. So entsteht die Periode von 7 Tagen als möglichst genaue Darstellung des Mondviertels. Die erste und älteste Form der Woche war also, vom Anfang des Monats (oder vom Neumond) an nacheinander 7, 14, 21 und 28 Tage zu zählen, indem man am Ende einen oder zwei Tage Rest ließ, um in gleicher Weise die Rechnung vom folgenden Neumond ab zu beginnen.[1] Diese Form einer an die Mondphasen gebundenen Woche war in alter Zeit bei den Babyloniern in Gebrauch, wie aus einem Teile eines babylonischen Kalenders hervorgeht, der im Britischen Museum aufbewahrt wird.[2] Auf diesem kostbaren Denkmal, das leider nur einen Monat umfaßt, sind die zu feiernden Feste und Opfer und der Anteil, den der König daran nehmen mußte, angegeben. Der 7., 14., 21. und 28. Tag des Monats sind als *umu limni*, das heißt Unglückstage, bezeichnet; und ihnen gegenüber sind verschiedene Dinge angegeben, deren sich der König an jenen Tagen enthalten mußte: unter anderm durfte er nicht gewisse Speisen essen, nicht sich den Staatsgeschäften widmen, nicht auf seinem Wagen ausfahren usw. Es ist wahrscheinlich, wenngleich nicht völlig sicher, daß diese Periode nicht ausschließlich im Tempel und in der Königsburg gebraucht wurde, sondern auch sonst in Wirkung trat: den Ärzten war es z. B. verboten, Kranke an jenen Tagen zu behandeln.[3]

---

[1] Vgl. Nielsen, *Mondreligion* 49—88; durch Addierung dieser überschüssigen Tage zu einer siebentägigen Woche entstand eine alte zehntägige Mondwoche, die Nielsen auch im Alten Testament in einigen Spuren nachweist: 145, 200.]

[2] Im Original veröffentlicht bei Rawlinson, *Cuneiform Inscriptions of Western Asia* Vol. 4, pl. 32 und 33. Übersetzung von Sayce, *Records of the Past* Vol. 7 157—168. Erläuterung von Schrader KAT 2. Aufl. 18—20 und Zimmern KAT 592. Die Urkunde umfaßt nur den Schaltmonat *Ululu* und ist die Kopie eines älteren Exemplars, die auf Befehl Assurbanipals angefertigt und in den Ruinen von Ninive aufgefunden wurde.

[3] Es ist bemerkenswert, daß, während im Hebräischen das Wort *schabbath* Ruhe bedeutet, in der assyrisch-babylonischen Sprache *šabattu*

9. Kapitel. Bildung von Perioden durch die Siebenzahl.

94. Es war leicht, von der an die Mondphasen gebundenen Woche zu der rein konventionellen und streng periodischen Woche überzugehen, wie wir sie heute haben. In der Tat war die erste allen Unregelmäßigkeiten und Unsicherheiten unterworfen, die die Bestimmung des Neumonds begleiten; es lag nahe, diese Schwierigkeiten dadurch zu lösen, daß man eine vollkommen gleichmäßige Periode von 7 Tagen einrichtete, die weder vom Mond noch von irgend einer andern Himmelserscheinung abhängig war. Es war leicht, ihren Gebrauch allgemein und volkstümlich zu machen, indem man sie mit irgend einem bürgerlichen oder religiösen Akte verband, z. B. mit einem Feste oder mit einem Markte, die immer am gleichen Tage einer jeden Periode zu feiern waren, oder auch mit diesen beiden Dingen. Ob die Hebräer durch eigene Überlegung zu diesem Begriffe gelangt sind, oder ob sie ihn von andern übernommen haben, läßt sich nicht mehr entscheiden. Sicher ist die Einrichtung der Woche zu den ältesten Erinnerungen der hebräischen Nation zu rechnen, und der Sabbat als obligatorischer Ruhetag[1] wird in den ältesten Urkunden des Gesetzes, wie in den beiden Dekalogen[2] und im Ersten Kodex[3], erwähnt; ferner auch in den Büchern der Könige für die Zeit des Propheten Elisa[4] und in den Prophetien des Amos und Hosea.[5] Es ist möglich, daß ihr Ursprung bis auf die ersten Anfänge des hebräischen Volkes, noch in die vormosaische Zeit, zurückgeht. Von den Hebräern bei ihrer Zerstreuung durch die ganze Welt verbreitet, von den chaldäischen Astrologen zum Zwecke ihrer Weissagungen eingeführt, vom Christentum und

---

Ruhe des Geistes oder Behaglichkeit bedeutet. Es scheint jedoch *šabattu* in Babylon nicht gebraucht worden zu sein, um den siebenten Tag der Woche zu bezeichnen; während die Hebräer ihr *schabbath* in diesem Sinne gebrauchten. [Nielsen, *Mondreligion* 69, 88, 153 hält eine altarabische Form für die Grundform; babyl. *šabattu* für ein Lehnwort, Variante von *šubtu* = Mondstation, hebr. *schabbathôn* für eine echt minäo-sabäische Bildung.] — Aus einer Stelle in Jesaja (56, 2—7) hat man schließen wollen, daß die Babylonier den Sabbat nicht kannten: der Schluß scheint mir jedoch ziemlich gewagt. Höchstens könnte man daraus folgern, daß die Babylonier (vorausgesetzt, daß von ihnen die Rede ist) den Sabbat nicht in der Weise der Hebräer übten.

[1]) *Schabath*, cessavit (ab aliquo opere), feriatus est, quievit: *Schabbath*, quies, sabbatum.

[2]) Für den ersten Dekalog s. Exod. 20, 8—11 und Deut. 5, 12—15. Für den zweiten Exod. 34, 21.

[3]) Exod 23, 12. — [4]) 2. Kön. 4, 22. — [5]) Hosea 2, 11; Amos 8, 5.

vom Islam übernommen, ist dieser für die Chronologie so bequeme und so nützliche Cyklus nunmehr in der ganzen Welt angenommen. Sein Gebrauch läßt sich fast 3000 Jahre zurückverfolgen, und alles läßt vermuten, daß er in den künftigen Jahrhunderten dauern und der Sucht nach unnützen Neuerungen und den Anstürmen der gegenwärtigen und kommenden Ikonoklasten widerstehen wird.

95. Die Hebräer gaben, scheint es, den Tagen der Woche keine besonderen Namen, außer dem Sabbat, der als der letzte der sieben angesehen wurde, wie es auch für die Ruhe paßt, die auf die Arbeit folgen muß. Im Alten Testament ist keine Spur von solchen Namen zu entdecken. Aus den Überschriften, welche einige Psalmen in der Übersetzung der LXX und in der Vulgata tragen[1], kann man jedoch schließen, daß sie (wenigstens in den Jahrhunderten unmittelbar vor Christi Geburt) jeden Tag mit seinem Zahlennamen bezeichneten, indem sie den auf den Sabbat folgenden Tag als ersten, den nächstfolgenden als zweiten rechneten usw. Der sechste Tag, der dem Sabbat voranging, wurde als *Tag vor dem Sabbat* bezeichnet und erhielt später von den hellenistischen Juden den Namen παρασκευή, das heißt *Vorbereitung* auf den Sabbat; er entspricht unserm Freitag. Ähnliche Angaben finden sich im Neuen Testament.[2]

96. Viele haben angenommen, daß die Entstehung der Woche von den sieben mit bloßem Auge sichtbaren Gestirnen abzuleiten sei, welche den himmlischen Tierkreis durchlaufen. Für die alten Astronomen und Astrologen waren diese Gestirne die Sonne, der Mond und die fünf größeren Planeten Merkur, Venus, Mars, Jupiter und Saturn. Dazu ist erstens zu bemerken, daß die Verbindung der Sonne und des Mondes, zweier Gestirne von solcher Lichtstärke und so sichtbarem Durchmesser, mit den fünf genannten um soviel kleineren Planeten nicht derart ist, daß man sie von den primitiven Kosmographien erwarten könnte. Um ihren gemeinsamen Charakter, der in der periodischen Bewegung innerhalb des Tierkreisstreifens besteht, zu erkennen, ist ein genaues und

---

[1] Nach der Angabe dieser Überschriften sind zu singen: Psalm 24 am ersten Tage nach dem Sabbat, Psalm 48 am zweiten Tage nach dem Sabbat, Psalm 94 am vierten nach dem Sabbat, Psalm 93 am Tage, der dem Sabbat vorangeht. Diese Angaben fehlen im hebräischen Texte der Psalmen; dies scheint zu beweisen, daß sie erst nach der Sammlung der Psalmen selbst entstanden sind.

[2] Matth. 28, 1; Marc. 15, 42 und 16, 9; Luc. 23, 54 und 24, 1; Joh. 20, 1.

9. Kapitel. Bildung von Perioden durch die Siebenzahl.

ziemlich langes Studium nötig. Man muß auch erkannt haben, daß Merkur und Venus als Morgensterne dasselbe sind wie Merkur und Venus als Abendsterne. Alles dies scheint den Babyloniern wenigstens in den letzten Jahrhunderten vor Cyrus und der persischen Eroberung bekannt gewesen zu sein.[1] Doch trotzdem war die Woche der Babylonier, wie wir oben gesehen haben, nicht eine Planetenwoche, wie unsere, sondern wurde nach den Mondvierteln geregelt. Dagegen findet man die älteste Anwendung der freien und gleichförmigen Woche bei den Hebräern, die nur eine sehr unvollständige Kenntnis der Planeten besaßen.

97. Die vielen friedlichen und kriegerischen Beziehungen der Juden zu Rom, das das Erbe der syrischen Könige angetreten hatte, hatten zum Erfolg, daß die Römer noch vor der Errichtung des Kaisertums die Woche und den Sabbat kennen lernten. Horaz, Ovid, Tibull, Persius, Juvenal sprechen vom Sabbat als von einer ganz bekannten Sache; und Josephus konnte schon zu seiner Zeit schreiben, es gebe keine griechische oder nicht-griechische Stadt, wo man den jüdischen Brauch der Sabbatfeier nicht kenne.[2] Und schon um dieselbe Zeit begann man, den verschiedenen Tagen der Woche jene gleichen Namen heidnischer Gottheiten beizulegen, die noch heute mit geringer Änderung bei allen neulateinischen Völkern in Gebrauch sind, und die auch bei den Völkern germanischen Stammes, obwohl nach der nordischen Mythologie modifiziert, gebraucht werden. Schon Tibull bezeichnet in der dritten Elegie des 1. Buches den Sabbat als Tag des Saturn und als Tag von übler Vorbedeutung (V. 17—18):

Aut ego sum causatus aves, aut omina dira,
 Saturni aut sacram me tenuisse diem.

Erst vor kurzem wurde in einem Triclinium von Pompeji folgende Graffito-Inschrift gefunden[3]:

```
        S A T V R N I
        S O L I S
        L V N A E
        M A R T I S
        I O V I S
        V E N E R I S
```

---

[1]) Assyrisch-babylonische Listen der sieben Planeten bei Zimmern KAT 622. — [2]) *Contra Apionem* 2,39.
[3]) *Atti della R. Accademia dei Lincei*, anno 1901, *Notizie degli Scavi* 330. — [Vgl. auch Gundermann, *Die Namen der Wochentage bei den Römern* in der Zeitschrift für deutsche Wortforschung Bd. 1 (1901) 175—186.]

Sie gibt die Tage der Woche in der noch heute üblichen Reihenfolge an, doch der Mittwoch ist (zweifellos aus Versehen) ausgelassen. Diese Namen waren also schon vor der Zerstörung Pompejis, die im Jahre 79 n. Chr. stattfand, bekannt und in allgemeinem Gebrauch.

98. Der astrologische Ursprung dieser Namen ist zu bekannt, als daß wir ihn hier zu berichten hätten.[1] Ihre Reihenfolge steht in engster Verbindung mit der Reihenfolge der sieben Planetensphären, die Ptolemäus und nach ihm fast alle Astronomen und Astrologen bis auf Kopernikus annahmen. Diese Reihenfolge ist, wenn man mit dem höchsten Planeten beginnt und zum niedrigsten herabsteigt: Saturn, Jupiter, Mars, Sonne, Venus, Merkur, Mond. Nun gehen die ersten Nachrichten über diese Anordnung der Planetenbahnen, die wir besitzen, nicht viel über das erste oder zweite Jahrhundert v. Chr. zurück.[2] Es ist nicht wahrscheinlich, daß die Anwendung der Namen der Planetengottheiten (die griechische Gottheiten sind) auf die Tage der Woche viel älter ist. Dadurch wird gänzlich ausgeschlossen, daß die Entstehung der hebräischen Woche von den sieben Planeten abzuleiten sei. Vielleicht verdanken wir jene Namen der mathematischen Astrologie, der falschen Wissenschaft, die sich nach Alexander dem Großen aus der seltsamen Verbindung des chaldäischen Aberglaubens mit der mathematischen Astronomie der Griechen bildete.[3]

---

[1]) S. Ideler, *Handb. der math. und techn. Chronologie* Bd. 1 178—179.

[2]) Wenn wir Macrobius glauben dürften, hätte schon Archimedes diese Reihenfolge angenommen, sie würde also bis ins 3. Jahrhundert v. Chr. zurückgehen: siehe seinen *Kommentar zum Traum Scipios* 1, 19 2, 3. Die Autorität des Macrobius scheint in dieser Sache wenig Gewicht zu haben. Doch auch wenn man sie anerkennt, würde man nicht viel weiter hinaufgehen; in keinem Falle könnte man daraus folgern, daß der Begriff der hebräischen Woche von den sieben Planeten abzuleiten sei.

[3]) Diejenigen, welche die Woche von sehr alten Spekulationen der Babylonier über die Planeten ableiten möchten, haben nicht bedacht, daß die Reihenfolge der in ihr vorkommenden Gottheiten und die ptolemäische Reihenfolge der sieben Planetenbahnen von einander mittelst einer arithmetischen Kombination abhängen, welche eine Einteilung des Tages in 24 Stunden voraussetzt. Nun war es bei den echten Babyloniern Nebukadnezars und Hammurabis stets Brauch, den Tag in 12 *kaspu* zu teilen; die Einteilung in 24 Stunden lernten sie nicht vor den Zeiten Alexanders kennen. — Will man dagegen mit Dio Cassius die Woche und die Planetennamen den alten Ägyptern zuschreiben, so trifft man auf eine nicht geringere Schwierigkeit, und zwar die, daß die nicht hellenisierten Ägypter ihren Monat immer in drei Dekaden eingeteilt

9. Kapitel. Bildung von Perioden durch die Siebenzahl.

99. Ist der Fortgang der Woche immer regelmäßig gewesen und nicht im Verlauf der Jahrhunderte unterbrochen worden, sodaß man stets von einem Sabbat bis zum andern sieben Tage oder ein Vielfaches von sieben Tagen rechnete? Es ist klar, daß eine Unterbrechung ihres Gebrauchs auch nur für kurze Zeit die Gleichförmigkeit der Aufeinanderfolge hätte verwirren können und zur Folge gehabt hätte, daß der Zeitraum zwischen einem Sabbat vor der Unterbrechung und einem Sabbat nach der Unterbrechung nicht ein Vielfaches von sieben Tagen gewesen wäre.

Uns stehen nicht alle Elemente zu Gebote, um diese Frage zu lösen, oder mindestens haben nicht alle den wünschenswerten Grad von Zuverlässigkeit; zum Teil muß man seine Zuflucht zu Vermutungen nehmen. Es steht fest, daß eine so alte und von allen religiösen Kodizes der Hebräer sanktionierte Einrichtung vor dem babylonischen Exil mit der größten Sorgfalt beobachtet werden mußte. Während dieses Exils scheint die hebräische Gemeinde von Babylon sich sehr konsolidiert und bedeutendes Ansehen gewonnen zu haben, sodaß sie länger als tausend Jahre bis zu den Verfolgungen der letzten Sassaniden kräftig fortbestehen konnte. In dieser Gemeinde, in welcher der gegenwärtige jüdische Kalender entstand und der babylonische Talmud abgefaßt wurde, wurde auch — das läßt sich nicht bezweifeln — der Sabbat weiter beobachtet, wenn nicht in seinem Opferritual, so doch gewiß in der absoluten Enthaltung von jeglicher Werktagsarbeit; ja der Aufenthalt in fremdem Lande erleichterte dieselbe dadurch, daß er die Hilfe nicht-hebräischer Diener zu benutzen gestattete. Man darf darum nicht bezweifeln, daß die Sabbatperiode glücklich und ohne Unterbrechung den Zeitraum durchlaufen hat, der nicht nur von der Zerstörung des ersten bis zum Baue des zweiten Tempels, sondern auch bis zur Zerstörung desselben durch Titus im Jahre 70 n. Chr. verfloß. Doch zu dieser Zeit war der Gebrauch des Sabbats schon in die Gewohnheiten der römischen Welt und selbst ins Christentum eingedrungen, wo von Anfang an keine Schwierigkeit vorlag, eine Rechnung anzunehmen, nach welcher das Leben und die letzten Geschicke des Erlösers ge-

haben; die 7tägige Woche trat bei ihnen erst ziemlich spät als ein ausländischer Brauch auf, den die alexandrinischen Juden übten. — Kurz die Planetenwoche ist verhältnismäßig jung und entstand aus der von hellenistischen Astrologen nach Alexander vollzogenen Aufpfropfung des griechischen Heidentums auf die alte hebräische Woche.

regelt waren. Die einzige wichtige Änderung fand statt, als man an Stelle des Sabbats zum Festtag den Tag der Sonne annahm, der sodann Tag des Herrn (ἡμέρα κυριακή, *dies Dominica*) genannt wurde, weil Christus an jenem Tage auferstanden war. Diese Änderung, auf welche in der *Apologie* Justins des Märtyrers zuerst hingewiesen wird, übte auf die periodische Aufeinanderfolge der Wochentage keinen Einfluß aus und hatte nur diese eine Folge, daß die Ruhe der Juden und das wöchentliche Fest der Christen nicht mehr zu gleicher Zeit gefeiert wurden. Doch für die einen wie für die andern fiel der Sabbat auf den gleichen Tag. Auch wurde nichts geändert, als man zu den Zeiten Konstantins die Namen *dies Lunae*, *dies Martis*, *dies Mercurii* . . . durch die weniger heidnischen Benennungen *feria secunda*, *feria tertia*, *feria quarta* usw., obwohl mit wenig Erfolg, zu ersetzen suchte. Nach Konstantin ging die Woche definitiv als wesentlicher Bestandteil in die christliche Liturgie über, und von jener Zeit ab bot sich keine Gelegenheit zur Änderung. Die Woche setzte ihren Lauf auch ungestört zu der Zeit fort, in welcher der christliche Kalender von Gregor XIII. im Jahre 1582 reformiert wurde. Juden, Christen und Mohammedaner sind in den Epochen des Sabbats vollkommen einig, obwohl das wöchentliche Fest von ihnen an verschiedenen Tagen gefeiert wird. Darum ist die Woche ein goldener Faden geworden, der den Geschichtsforscher oftmals in den Unsicherheiten der Chronologie leiten muß.

100. *Jahr der Freilassung*. Seit den ersten Zeiten der mosaischen Gesetzgebung wurde die siebenjährige Periode gebraucht, um gewisse Vorschriften der Religion oder des bürgerlichen Nutzens zu regeln. Eine von diesen betrifft die obligatorische Freilassung der Sklaven israelitischer Nationalität im siebenten Dienstjahre. Man liest im Ersten Kodex[1]: „Wenn du einen Sklaven hebräischen Stammes kaufst, so soll er sechs Jahre lang Sklavendienste verrichten; im siebenten Jahre aber soll er unentgeltlich freigelassen werden." Diese Anordnung wird mit lebhaften Ermahnungen im Deuteronomium[2] wiederholt, wird von Jeremia[3] als eine Pflicht angesehen und wird noch von Ezechiel[4] erwähnt, durch welchen wir auch erfahren, daß dies siebente Jahr das *Jahr der Freilassung* hieß. Der Brauch, die hebräischen Sklaven im siebenten Jahre freizulassen, wird nach dem Exil nicht mehr erwähnt; auch nicht bei Nehemia an

---

[1]) Exod. 21, 2. — [2]) Deut. 15, 12—18. — [3]) Jer. 34, 13—14. — [4]) Ezech. 46, 17,

einer Stelle (10, 32), wo man erwarten könnte, einen Hinweis auf ihn zu finden. Später wurde im Priesterkodex das Jahr der Freilassung anerkannt, doch es sollte nur bei Wiederkehr des Jubeljahres, das heißt alle 50 Jahre, in Anwendung gebracht werden.

101. *Erlaßjahr.* Für das Jahr der Freilassung war die siebenjährige Periode ein einfacher Zeitraum, dessen Anfang und Ende mit den Personen und Orten wechselte. Eine feste siebenjährige Periode, eine dem ganzen hebräischen Volke gemeinsame wirkliche *Heptaeteris* war dagegen diejenige, welche den Erlaß der Schulden vorschrieb. Auch diese war vielleicht anfangs nicht an dem ganzen Volke gemeinsame Epochen gebunden. Der Erste Kodex erwähnt sie überhaupt nicht. Der älteste Hinweis auf das Jahr des *Erlasses (schemiṭṭah)* findet sich im Deuteronomium[1]: „Am Ende von sieben Jahren sollst du einen Erlaß stattfinden lassen. Und zwar hat es mit dem Erlaß folgende Bewandtnis: Jeder Gläubiger soll das Handdarlehen, das er seinem Nächsten gewährt hat, erlassen; er soll seinen Nächsten und Volksgenossen nicht drängen, denn man hat einen Erlaß [zu Ehren] Jahwes ausgerufen ... Hüte dich, daß nicht in deinem Herzen ein nichtswürdiger Gedanke aufsteige, nämlich: Das siebente Jahr, das Jahr des Erlasses, ist nahe! und daß du nicht einen mißgünstigen Blick auf deinen armen Volksgenossen werfest und ihm nichts gebest usw." Hier wird mit deutlichen Worten das Vorhandensein einer festen und den Gläubigern und Schuldnern der ganzen Nation gemeinsamen festen Periode bezeugt. Dies wird auch von einer andern, im selben Deuteromium[2] enthaltenen Verordnung bestätigt, wo vorgeschrieben wird, daß im Erlaßjahr das Gesetz vor dem ganzen Volke verlesen werden soll. Der Gebrauch des Erlaßjahres und seines siebenjährigen Cyklus würde also in die Zeit Josias, Königs von Juda, zurückgehen, unter welchem, und zwar genau in seinem 18. Jahre (621 v. Chr.), nach einer alten und sehr wahrscheinlichen Ansicht die im Deuteronomium enthaltene prophetische Gesetzgebung proklamiert worden wäre. Zu den Zeiten Nehemias stand das siebente Jahr des Erlasses in voller Geltung[3]; doch es wurde bald nach ihm abgeschafft und wird in späteren Zeiten gar nicht erwähnt.

102. *Sabbatjahr.* Sehr alt war bei den Hebräern der Gebrauch, alle sieben Jahre ein Jahr lang das Land *ruhen* zu lassen, auch *Sabbat des Landes* genannt; ursprünglich wurde er teils

---

[1]) Deut. 15, 1—9. — [2]) Deut. 31, 10. — [3]) Neh. 10, 32.

Sabbatjahr. 123

zur Ruhe des Erdbodens, die in einer nicht sehr vorgeschrittenen Epoche des Ackerbaus notwendig war, teils auch in wohltätiger Absicht vorgeschrieben. Schon der Erste Kodex sagt: „Sechs Jahre hindurch sollst du dein Land bebauen und seinen Ertrag einheimsen; im siebenten Jahre aber sollst du *ihn lassen und ihn aufgeben* [Kautzsch: es unbenutzt und brach liegen lassen], sodaß die Bedürftigen deines Volkes [darauf] ihre Nahrung holen können ... ebenso sollst du verfahren mit deinem Weinberg [und] deinem Ölgarten."[1] Selbstverständlich sollte diese Ruhe des Landes nicht in allen Besitzungen und auch nicht in allen Teilen derselben Besitzung gleichzeitig stattfinden; sonst hätte man den wohltätigen Zweck der Einrichtung schlecht bedacht, und es wäre die Gefahr entstanden, das ganze Land alle sieben Jahre einmal auszuhungern. Dies Gesetz der Ruhe des Landes wurde, wenn es auch während einer gewissen Zeit Geltung erlangte, sodann doch schlecht gehalten oder auch völlig fallen gelassen; das Deuteronomium erwähnt es nicht, und unter den Propheten spricht allein Jeremia davon, um zu verstehen zu geben, daß es seit einigen Jahrhunderten außer Gebrauch gekommen war[2]; und auch zur Zeit Esras und Nehemias war es, scheint es, in Vergessenheit geraten.[3] Aber in einer Epoche,

---

[1]) Exod. 23, 10—11. Einige Kritiker, unter ihnen Hupfeld, Reuß und Wellhausen, haben aus den Ausdrücken *du sollst ihn* (den Ertrag) *lassen und ihn aufgeben* ... geschlossen, daß in dem Aufgeben des Ertrages des siebenten Jahres nicht notwendig enthalten sei, man müsse das Land unbebaut oder die Rebe unbeschnitten lassen. Man hätte das Land also auch im siebenten Jahre bebaut und seinen Ertrag den Armen überlassen. Das könnte angehen, wenn im vorhergehenden Verse nicht ganz deutlich gesagt würde: Sechs Jahre hindurch sollst du dein Land bebauen ... ; dadurch scheint die Aussaat im siebenten Jahre ausgeschlossen. So verstand es sicherlich der Verfasser von Levit. 25, 4.

[2]) Jeremia, angeführt 2. Chron. 36, 21: die Stelle fehlt in den erhaltenen Werken des Propheten. Anläßlich der Zerstörung Jerusalems wird gesagt, daß sie geschah, „damit das Wort Jahwes[, das er] durch den Mund Jeremias [geredet,] in Erfüllung ginge, «bis das Land seine Ruhezeiten ersetzt bekommen hatte; die ganze Zeit hindurch, in der es wüste lag, hatte es Ruhe», bis 70 Jahre voll waren". Streng genommen würde dies bedeuten, daß zur Zeit des Exils die Hebräer eine Schuld von 70 Ruhejahren gegen das Land hatten, daß also die Ruhe des Landes seit 490 Jahren nicht beobachtet war. Das darf man nicht als mathematisch genaue Angabe verstehen, sondern nur in dem Sinne, daß seit Jahrhunderten die Ruhe des Landes außer Gebrauch gekommen war. — Die Worte Jeremias werden fast mit den gleichen Ausdrücken in Levit. 26, 34, 35, 43 wiederholt.

[3]) Nehemia (10, 32) sagt bei Aufzählung der Pflichten, die das Volk übernahm: „*Wir wollen den Erlaß des siebenten Jahres halten* und auf jeg-

die sich nicht mehr genau angeben läßt, doch nach Nehemia und vor der Schlußredaktion und Bestätigung des Pentateuchs als göttlichen Gesetzes wurde das alte fast vergessene Gesetz der Ruhe des Landes im siebenten Jahre beinahe mit denselben Ausdrücken, die im Ersten Kodex angewandt sind, wieder in den Gebrauch zurückgerufen[1]; jedoch mit dem wichtigen Unterschiede, daß das Ruhejahr für das ganze Land das gleiche war. Eine so unsinnige und tyrannische Verordnung wurde augenscheinlich eingeführt, um die Überwachung ihrer Ausführung zu erleichtern. So konnten sich die Armen, denen die freiwilligen Erträge des Landes in den Ruhejahren vorbehalten waren, in jedem siebenten Jahre reichlich sättigen, freilich unter der Bedingung, die dazwischen liegenden sechs Jahre zu hungern. Überdies war die Nation alle sieben Jahre der Gefahr einer allgemeinen und schrecklichen Teuerung ausgesetzt.

103. In der Zeit vor dem Exil, als die beiden Reiche Israel und Juda mehrere Millionen Einwohner hatten, die fast ausschließlich vom Ackerbau lebten, wäre ein solches Gesetz nicht möglich gewesen. In der kleinen jüdischen Gemeinde, die nach dem Exil in Jerusalem und den benachbarten Ortschaften errichtet, und die von Fremden umgeben war, welche jeden Tag kamen, um Lebensmittel zu verkaufen[2], war die Ausführung weniger schwierig, obwohl noch immer drückend genug. Tatsache ist, daß das Gesetz eingeführt wurde; und als die *Tôrah*, das ist der letzte und umfassendste Kodex des Mosaismus, wie wir ihn heute vor uns sehen, ihre endgültige Redaktion erfuhr, wurde die Vorschrift in sie aufgenommeu, die Ruhe des Landes sei allgemein im siebenten Jahre, das darum auch *Sabbatjahr* heißt, in Anwendung zu bringen. Diese Vorschrift wurde in der Praxis durchgeführt und bis zur Zerstörung Jerusalems durch die Römer im Jahre 70 n. Chr. streng beobachtet. Das Sabbatjahr entsprach nicht dem priesterlichen Jahre, das im Frühling begann, sondern dem bürgerlichen Jahre der Syrer, das nunmehr bei den Hebräern in Brauch gekommen war, und dessen Anfang mit dem Neumond des siebenten Monats zusammenfiel, meist im Oktober. In jenem Herbst unterließ man die Aussaat, und im folgenden Frühling und Sommer unterließ

---

liches Handdarlehen verzichten." Doch von der Ruhe des Landes spricht er gar nicht.

[1]) Levit. 25, 2—7 und 20—22.
[2]) Neh. 10, 31 und 13, 16.

man die Ernte. Unter gewöhnlichen Verhältnissen konnte man die nötigen Anordnungen treffen, um der Gefahr der Hungersnot vorzubeugen; doch im Falle eines Krieges und besonders einer Belagerung machten sich die Folgen des Sabbatjahres mehr als einmal bemerkbar. Ein Zeugnis dafür haben wir im ersten Buche der Makkabäer; dort wird erzählt, daß, nachdem Antiochus Eupator Bethzur erobert hatte, die Bewohner von dort ausziehen mußten, weil nichts mehr zu essen da war, *denn es war der Sabbat des Landes*, und kurz darauf, daß man in Jerusalem Hunger litt, *weil es das siebente Jahr war*, und diejenigen von den Heiden, welche nach Judäa gekommen waren, den ganzen Rest der aufgespeicherten Vorräte verbraucht hatten.[1] Ähnlich erzählt Flavius Josephus, daß während der Belagerung Jerusalems durch Herodes die Hungersnot noch dadurch stieg, daß man damals im Sabbatjahr stand.[2]

104. Die Nachrichten über verschiedene Wiederholungen des Sabbatjahres, die sich im ersten Buche der Makkabäer, in den Werken des Josephus und in den jüdischen Überlieferungen der ersten Jahrhunderte n. Chr. finden, ermöglichen es, mit einiger Sicherheit die Zeit einiger Sabbatjahre zu bestimmen.[3] So hat das Studium der Chronologie des ersten Makkabäer-Buches das Ergebnis, daß das Sabbatjahr, welches der oben erwähnten Eroberung von Bethzur durch Antiochus Eupator entspricht, vom Herbst des Jahres 164 v. Chr. bis zum Herbst des folgenden Jahres 163 lief. Die Angaben des Josephus[4] über die Belagerung Jerusalems durch Herodes, bei der er von den Römern unter Befehl des Sosius unterstützt wurde, setzen die Einnahme der Stadt unter das Konsulat von Marcus Agrippa und Caninius Gallus; daraus folgt, daß das damals laufende Sabbatjahr mit dem Herbst des Jahres 38 v. Chr. begann und mit dem Herbst des Jahres 37 endete. Eine dritte Bestimmung liefert uns eine jüdische Tradition, nach der dem Jahre, in welchem der jerusalemische Tempel von den Römern zerstört

---

[1] 1. Makk. 6, 49 und 52.

[2] Flav. Jos. *Arch. iud.* 14, 16. Sonst erwähnt dieser Schriftsteller das Sabbatjahr noch: *Ant.* 13, 8; 14, 10; 15, 1; *Bell. iud.* 1, 2.

[3] Bei den folgenden Angaben halte ich mich an die Erörterungen und Ergebnisse, die Schürer in seiner gelehrten *Geschichte des jüdischen Volkes im Zeitalter Jesu Christi* 4. Aufl. Bd. 1 32—38 bietet. [S. auch Bousset, *Die Religion des Judentums* 103.]

[4] Flav. Jos. *Arch. iud.* 14, 16.

wurde, ein Sabbatjahr voranging; dies dauerte also vom Herbst des Jahres 68 n. Chr. bis zum Herbst des Jahres 69.[1]

105. Vergleicht man diese Daten untereinander, so findet man, daß der Zeitraum zwischen dem ersten und dem zweiten der angegebenen Sabbatjahre 126 oder 18×7 Jahre beträgt; zwischen dem zweiten und dem dritten liegen 105 oder 15×7 Jahre. Daraus schließen wir, daß während der ganzen Zeit zwischen der Erhebung der Makkabäer und der Zerstörung Jerusalems (und wahrscheinlich auch während eines gewissen Zeitraums vor den Makkabäern) die Wiederkehr des Sabbatjahres von 7 zu 7 Jahren streng und regelmäßig ohne irgend eine Unterbrechung beobachtet wurde. Wer darum feststellen will, ob ein gegebenes Jahr ein Sabbatjahr gewesen ist, kann es bequem tun, indem er untersucht, ob der Zeitraum zwischen diesem gegebenen Jahr und einem der drei oben aufgeführten Jahre eine durch 7 teilbare Zahl ergibt. Im allgemeinen, können wir sagen, begannen, wenn n eine beliebige ganze Zahl ist, die Sabbatjahre in den Jahren $7n + 3$ v. Chr. und $7n + 5$ n. Chr., im Herbst. Setzen wir z. B. $n = 0$, so ergibt sich, daß im Herbst des Jahres 3 v. Chr. und ebenso auch im Herbst des Jahres 5 n. Chr. ein Sabbatjahr begann. Und wer Lust hat, kann sich, indem er n der Reihe nach mit allen ganzen Zahlen bewertet, das ist $n = 1, 2, 3, 4 \ldots$ setzt, die Tabelle aller der Jahre bilden, in deren Herbst ein Sabbatjahr seinen Anfang nahm.

Man könnte nun die Frage aufwerfen, ob man die Periode des Sabbatjahres als eine Fortsetzung der analogen Periode des Erlasses ansehen könne, welche außer Gebrauch kam, als das Sabbatjahr nach Nehemia eingerichtet wurde? Das ist an sich ziemlich wahrscheinlich; doch man kann diese Vermutung nicht durch positive Beweise und geschichtliche Urkunden stützen. Es kommt weder im Alten Testament noch anderswo eine Angabe vor, die uns erlaubt, die Erlaßjahre auf jene Weise zu berechnen, nach der wir die Sabbatjahre berechnen konnten.

106. *Jubeljahr.* In den dunkelsten Zeiten des Judentums, welche auf das Gesetz Esras und die Reformen Nehemias folgten, fand (400 Jahre v. Chr.?) die endgültige Zusammenstellung des Priesterkodex aus größtenteils schon vorhandenen Elementen statt. Der Komplex von Gesetzen, welche ihn bilden, zeigt bemerkenswerte Abweichungen nicht nur vom Ersten Kodex

---

[1]) Jerusalem wurde von Titus im Sommer des Jahres 70 n. Chr. eingenommen.

und vom Deuteronomium, sondern auch vom Gesetze Esras selbst. Vom Erlaßjahr ist keine Spur mehr in ihm zu entdecken, die Freilassung der hebräischen Sklaven im siebenten Jahre ist formell abgeschafft. Anstatt jener alten Gebräuche begegnet uns im Priesterkodex zum ersten Male die große 50jährige Periode des Jubeljahrs; dies hieß so, weil sein Anfang im Herbst des 50. Jahres dadurch angekündigt wurde, daß man mit dazu geeigneten Trompeten oder Hörnern eine *jôbel* benannte fröhliche Musik ausführte.[1] Die Anordnung dieses Cyklus wird so beschrieben[2]: „Weiter sollst du sieben *Sabbate von Jahren* zählen — siebenmal sieben Jahre — sodaß die Zeit der sieben *Sabbate von Jahren* neunundvierzig Jahren gleichkommt. Dann aber sollst du im siebenten Monat, am zehnten des Monats, die Lärmposaune erschallen lassen; am Sühntage sollt ihr überall in eurem Lande die Posaune erschallen lassen und sollt so das fünfzigste Jahr weihen und im Lande Freiheit ausrufen für alle seine Bewohner. Als ein Halljahr soll es euch gelten; da sollt ihr ein jeder wieder zu seinem Besitz und zu seinem Geschlecht kommen. Als ein Halljahr soll es euch gelten, das fünfzigste Jahr; in ihm dürft ihr nicht säen und den Nachwuchs nicht einernten noch von den unbeschnittenen Weinstöcken [Trauben] lesen.... Wenn du deinem Nächsten etwas *(ein Feld)* verkaufst oder von deinem Nächsten kaufst, so sollt ihr nicht einer den andern übervorteilen. Mit Rücksicht auf die Anzahl der Jahre seit dem [letzten] Halljahr sollst du deinem Nächsten abkaufen, und mit Rücksicht auf die Erntejahre soll er dir verkaufen. Für eine größere Zahl von Jahren hast du einen entsprechend höheren Kaufpreis zu zahlen, wie für eine geringere Zahl von Jahren einen entsprechend geringeren; denn eine Anzahl von Ernten verkauft er dir.... Grund und Boden darf nicht endgültig verkauft werden, denn mein ist das Land; denn ihr seid [nur] Fremdlinge und Beisassen bei mir.... Und wenn dein Bruder neben dir verarmt und sich dir verkauft, so sollst du ihn nicht Sklavendienst tun lassen. Gleich einem Lohnarbeiter, einem Beisassen, soll er bei dir sein; bis zum Halljahr soll er bei dir dienen. Dann aber soll er samt seinen Kindern frei von dir ausgehen und zu seinem Geschlecht zurückkehren

---

[1] Von *jabal*, was *laetatus est* bedeutet, selbstverständlich mit Jubelgeschrei und Trompetengeschmetter. Über die Bedeutung des Wortes *jôbel* s. Ewald, *Altertümer des Volkes Israel*, 3. Aufl. 494—495, [Greßmann, *Musik und Musikinstrumente im Alten Testament* (Gießen 1903) 31].
[2] Levit. 25, 8—55.

und wieder zu seinem väterlichen [Erb-]Besitz kommen. Denn meine Knechte sind sie, die ich aus Ägypten weggeführt habe; sie dürfen nicht verkauft werden, wie man Sklaven verkauft." Wie man sieht, ist der Zweck aller dieser Anordnungen, die siebenjährige Wiederkehr des Jahres der Freilassung, des Erlaßjahres und der Ruhe des Landes, welche im Ersten Kodex und im Deuteronomium vorgeschrieben ist, durch eine längere Periode zu ersetzen und demnach weniger drückend und leichter durchführbar zu machen.

107. Das Jahr der Freilassung, das früher das siebente vom Beginn der Sklaverei an gerechnet sein sollte, und von dem ehemals der größte Teil der Sklaven Nutzen haben konnte, wird jetzt für alle ohne Unterschied aufs Jubeljahr gesetzt; damit wurde die Hoffnung, die Freiheit ohne Loskaufung wiederzuerlangen, für einen großen Teil von ihnen ganz illusorisch. Was den Sabbat des Landes betrifft, so war es für die Besitzer von Ländereien allem Anschein nach[1] ein Vorteil, daß er sich bei Ersetzung der 7jährigen durch die 50jährige Ruheperiode seltener wiederholte; doch um soviel wurde auch die Wohltat geschmälert, die die Armen davon hatten. Eine große Wohltat für die ganze Nation und eine bedeutende moralische und soziale Wirkung hätte dagegen die Rückerstattung der Grundstücke an ihre alten Herren im Jubeljahr hervorbringen können; sie hätte zur Folge gehabt, die Verarmung der Familien und die übermäßige Anhäufung des unbeweglichen Landbesitzes in den Händen eines einzigen zu verhindern. Indem die Israeliten Gott zum Universaleigentümer aller Ländereien und aller Sklaven machten und sich selbst zu einfachen Nutznießern auf beschränkte Zeit herabsetzten, hätten sie das Mittel gefunden, (bis zu einem gewissen Punkte) die übermäßige Ungleichheit der Vermögen zu verhindern, und so eine Lösung der sozialen Frage geliefert, die die modernen Menschen heute so sehr beschäftigt. Im Sinne des Gesetzgebers hing die Befreiung der Sklaven sicher eng mit der 50jährigen Rückerstattung der Grundstücke zusammen: die Ruhe des Landes sollte ohne Zweifel ihren Übergang von dem einen auf den andern Bebauer

---

[1] Ich sage allem Anschein nach, weil wir den damaligen Zustand des Bodens in Palästina und das bei seiner Bebauung angewandte System nur schlecht kennen. Die Erfahrung hat gezeigt, daß dort, wo man nicht über reichlichen und guten Dünger verfügen kann, die Ruhe in noch kürzeren als 7jährigen Perioden

förmigen und regelmäßigen Zeitraum von sieben Tagen. Überdies steht fest, daß während des Bestehens des zweiten Tempels diese Regelmäßigkeit in den Perioden des Sabbatjahres beständig beobachtet wurde, wie oben mit geschichtlichen Daten bewiesen ist, die von der Makkabäerzeit bis zur Zerstörung des zweiten Tempels durch die Römer gehen.

110. Alle diese Schwierigkeiten haben ihre Wurzel in der Tatsache, daß die Zahl 50 der Jahre des Jubeljahrcyklus nicht genau durch 7, die Zahl der Jahre des Sabbatcyklus, teilbar ist. Sie würden leicht verschwinden, wenn man den Text des Gesetzes so deuten könnte, daß 49 Jahre statt 50 herauskämen. Dann wäre das 49., das Jubeljahr, auch ein Sabbatjahr, und zwar ein Sabbatjahr, welches sich von den andern sechs, die ihm während des Cyklus vorangegangen sind, durch erhöhte Feierlichkeit unterscheidet. Auf einen solchen Ausweg, scheint es, sind schon sehr früh einige Lehrer des hebräischen Gesetzes verfallen. In der Tat ordnet das *Buch der Jubiläen*[1], das in die Zeit kurz vor oder kurz nach Christi Geburt gesetzt wird, die ganze Chronologie des Pentateuchs nach Jubiläen von 49 Jahren an, weshalb das Buch auch diesen seinen Namen bekommen hat. Dies geschah ungefähr zur selben Zeit, in welcher Philo und Josephus[2] behaupteten, die Jubeljahrperiode sei 50jährig. Die Dauer von 49 Jahren nahm auch Rabbi Jehuda an, welcher nach dem Berichte des Talmud[3] die Meinung vertrat, das letzte Jahr eines Jubeljahrcyklus sei als erstes des folgenden Jubeljahrcyklus zu zählen; damit bleibt die Dauer des Cyklus nur scheinbar 50jährig, in Wirklichkeit wird sie jedoch auf 49 Jahre herabgesetzt, da die Reihenfolge der Sabbatjahre vollkommen bewahrt bleibt. Die Lehrer der Schule der *Gaonim*, der ersten nach der Schlußredaktion des Talmud[4], traten dieser Auffassung bei und führten eine gewisse Überlieferung an, nach welcher nach der Zerstörung des ersten Tempels durch Nebukadnezar die Jahre nicht mehr nach Jubeljahrperioden, sondern nur nach Sabbatjahren gezählt wurden. Sie konstruierten auch ein chronologisches System nach solchen Jahren, und ihre Bestimmung

---

[1] S. Littmanns Übersetzung dieses Buches in Kautzsch, *Die Apokryphen und Pseudepigraphen* Bd. 2.

[2] Angeführt von Ideler, *Handbuch der mathematischen und technischen Chronologie* Bd. 1 506.

[3] Ideler, *Handbuch* Bd. 1 503 führt hierzu den Talmud-Traktat 'Erûbîn an.

[4] Ideler, *ibidem*.

derselben stimmt vollkommen mit den Formeln überein, die wir oben aus geschichtlichen Daten abgeleitet haben. Unter den modernen Chronologisten haben sich einige der angesehensten, wie Scaliger und Petavius, für die 49jährige Dauer entschieden.

Es fehlt jedoch nicht an Einwürfen auch gegen diese Meinung, welche sich nicht gut mit dem Texte des Gesetzes vereinigen läßt: dies gibt zu klar die Periode von 50 Jahren an. Daß nach der Absicht des Gesetzgebers die Dauer 50 und nicht 49 Jahre betragen sollte, kann man auch daraus schließen, daß in den Versen 11—12 in Leviticus 25 er es für nötig gehalten hat, die Ruhe des Landes für das Jubeljahr vorzuschreiben. Dies wäre im Falle der 49 Jahre ganz unnütz gewesen, weil jener Gesetzgeber doch wissen mußte, daß dann das Jubeljahr mit einem Sabbatjahr zusammentraf und es einer besonderen Vorschrift der Ruhe des Landes nicht bedurfte.

111. Welcher von den beiden Hypothesen (der 50 und der 49 Jahre) man nun auch den Vorzug geben mag, man kann zu keiner befriedigenden Erklärung gelangen. Dies liegt daran, daß in Leviticus 25 zwei nicht bloß verschiedene, sondern auch unter sich unvereinbare Systeme von Vorschriften zu einem Ganzen vereinigt sind; das 7jährige System des Sabbatjahres und das 50jährige System des Jubeljahres. Diese beiden Systeme können nicht als zu einer und derselben Gesetzgebung gehörig angesehen werden; sie haben verschiedenen Ursprung und wurden wahrscheinlich von verschiedenen Personen zu verschiedenen Zeiten ersonnen. Ihre Unvereinbarkeit gibt uns das Recht vorauszusetzen, daß, wenn das eine System zu einer bestimmten Zeit in der Praxis durchgeführt worden ist, das andere sich nicht gleichzeitig hat durchsetzen können und im Zustand des Entwurfs bleiben mußte. So ist es auch in Wirklichkeit zugegangen. Durch gute geschichtliche Zeugnisse ist bewiesen, daß das Sabbatjahr einige Zeit nach Esra und Nehemia in die Riten des Judentums eingeführt und weiter bis zur Zerstörung des zweiten Tempels in der Praxis angewandt wurde, während wir überall bei den Schriftstellern aller Epochen das tiefste Stillschweigen über den tatsächlichen Gebrauch des Jubeljahres finden.

112. Die Idee, daß nach sieben Jahrwochen ein Jubeljahr gefeiert werden müsse, ist augenscheinlich nach Analogie von der des Frühlingsfestes abgeleitet, das, wie oben gesagt, nach beendigter Ernte am Schluß von sieben seit Darbringung des ʿomer verflossenen Tagwochen, und zwar genau am 50. Tage,

gefeiert wurde[1]; die Einsetzung dieses Festes geht in hohes Alter zurück, denn es wird schon im Ersten Kodex erwähnt und wird auch vom Deuteronomischen Gesetze bestätigt. Doch weder im Ersten Kodex noch im Deuteronomium findet sich irgend eine Erwähnung des Jubeljahrs: nur Leviticus 25 und 27 und eine Stelle in Numeri sprechen von ihm[2], und alle diese Stellen gehören zum Priesterkodex. Die Propheten haben nichts von ihm gewußt; sonst hätten sie nicht Gelegenheit gehabt, so wie sie es tun, gegen diejenigen, welche große Vermögen zusammenscharren, zu wettern. Jesaja sagt (5, 8): „Wehe denen, die Haus an Haus reihen, Feld an Feld rücken, bis kein Platz mehr bleibt, und es dahin gebracht ist, daß ihr allein im Lande wohnt." Und ähnlich Micha (2, 2): „Begehren sie Felder, so reißen sie [sie] an sich; oder Häuser, so nehmen sie [sie] weg; sie gehen mit Gewalt vor gegen die Person und ihre Habe, gegen den Herrn und sein Besitztum." Doch auch in der Periode, welche die Dauer des zweiten Tempels umfaßt, findet sich kein Dokument, das auch nur eine einmalige Feier des Jubeljahres bezeugt; und ein so denkwürdiges und so außergewöhnliches Ereignis hätte doch irgend eine Spur von sich hinterlassen müssen. Freilich wird das Jubeljahr in einigen Schriften jener Epoche erwähnt, und wir haben schon Josephus, Philo und *das Buch der Jubiläen* genannt. Doch diese haben augenscheinlich ihre ganze Kenntnis aus dem Leviticus geschöpft; als Beweis hierfür sei angeführt, daß sie über die Dauer der Periode nicht einig sind, da die ersten beiden sie zu 50, letzteres zu 49 Jahren ansetzen. Dies wäre unmöglich, wenn das Jubeljahr für jene Schriftsteller eine Tatsache der Erfahrung gewesen und allgemein bekannt und durchgeführt worden wäre.[3]

---

[1]) S. oben Kap. 8, § 88.

[2]) In Leviticus 25 und 27 wird das Gesetz vom Jubeljahr aufgestellt, und seine Normen und seine Ausnahmen werden mit bemerkenswertem Eingehen auf Einzelheiten dargelegt. Außerdem wird das Jubeljahr im Alten Testament nur noch Num. 36, 4 anläßlich der Töchter Zelophhads erwähnt: dort wird auf die Rückerstattung des Eigentums angespielt. In Exod. 19, 13 und in Jos. 5, 6 wird nur auf die Beschaffenheit des *jôbel* genannten Tones und auf das Instrument, das zu seiner Hervorbringung benutzt wurde, angespielt; nicht auf die Periode des Jubeljahrs, wie manche gemeint haben.

[3]) In seiner Beschreibung des Jubeljahrs schreibt Flavius Josephus Moses Anordnungen zu, welche teilweise von denen, die wir im Leviticus lesen, abweichen. Er behauptet (*Ant.* 3, 12), daß das Jubeljahr auch ein *Erlaßjahr* war, das ist ein Jahr allgemeinen Schuldenerlasses, wovon der

9. Kapitel. Bildung von Perioden durch die Siebenzahl.

Auf welche Weise sodann zwei so widersprechende Gesetze wie das des Sabbat- und des Jubeljahres zusammen in den Priesterkodex aufgenommen sind, und wie sie schließlich verbunden, ja in einem und demselben Kapitel ineinander verflochten sind[1], das kann man nicht mehr genau bestimmen. Gleichwohl dürfen einige Tatsachen nicht verschwiegen werden, die mit dieser Frage in Verbindung stehen.

113. Wie bekannt, hat der Priesterkodex, wie er uns im Pentateuch vorliegt, zwar seine Wurzeln im Ersten Kodex, im Deuteronomium und im Ritual des salomonischen Tempels, ist jedoch hauptsächlich die Frucht einer vielfältigen und verwickelten gesetzgeberischen Arbeit, die während des Exils und nach dem Exil vielleicht zwei Jahrhunderte hindurch stattfand. Das große Problem, die Nation dadurch wiederherzustellen, daß man die alten Gebräuche den neuen Umständen anpaßte, war ohne Zweifel Gegenstand vieler Sorgen und gab Anlaß zu verschiedenen Gesetzesvorschlägen, die allgemeine Billigung fanden oder sie nicht oder nur für einige Zeit erhielten. Als Beweis hierfür führe ich die, um die Wahrheit zu sagen, ziemlich phantastische Probe eines solchen Vorschlags an, der hauptsächlich den Tempel, den Klerus und die Riten betrifft: sie ist uns in den letzten neun Kapiteln des Buches Ezechiel erhalten, und manche ihrer Forderungen setzten sich endlich nach langer Zeit im abschließenden Kodex durch. Und ein anderes Beispiel dieses Prozesses finden wir im 7. Kapitel des Sacharja, wo man deutlich sieht, daß zu seiner Zeit gewisse Fragen des Rituals noch ungelöst waren, und daß damals manche Übungen im Gebrauch waren, von denen im späteren Gesetze sich keine Spur mehr findet. All dieser Unsicherheit machte schließlich in gewisser Weise die Gesetzgebung Esras ein Ende, die feierlich verkündet und vom Volke im Jahre 445 oder kurz darauf beschworen wurde; doch trotzdem machte man neue Zusätze und

---

Leviticus völlig schweigt. Die Vorschrift, bei Verkäufen von unbeweglichen Gütern die Zahl der Verkaufsjahre bis zum nächsten Jubeljahr zu rechnen (Levit. 25, 15, 16, 23), wird von ihm nicht erwähnt und durch eine andere absurde und in der Praxis undurchführbare ersetzt. Josephus sprach hier von Dingen, die weder er selbst noch seine Väter jemals gesehen hatten.

[1]) In Levit. 25 handeln V. 1—7 vom Sabbatjahr, 8—19 vom Jubeljahr: V. 20—22 beziehen sich wiederum aufs Sabbatjahr und 23 ff. von neuem aufs Jubeljahr. Diese Unordnung zeigt viel mehr die Eile des nachlässigen Kompilators als die ruhige Überlegung des Gesetzgebers.

Abänderungen von großer Wichtigkeit noch bis zu der Zeit (um 400 v. Chr.?), in welcher die *Tôrah* endgültig als heiliger und unveränderlicher Kanon unter der Form des gegenwärtigen Pentateuch-Kodex bestätigt wurde. Es ist darum kein Wunder, daß dieser eine nicht immer gut geordnete Zusammenstellung von Gesetzen geworden ist, die verschiedenen Zeiten angehören und sich manchmal auch widersprechen.

114. Wenn wir nun zu den beiden Gesetzen zurückkehren, die in Levit. 25 enthalten sind, so bemerken wir, daß das eine von ihnen, das des Sabbatjahrs, obgleich so spät sanktioniert (§§ 102 und 103), bereits während des Exils, scheint es, vorgeschlagen worden ist. Denn kurz darauf (26, 33, 34, 35) wird angekündigt, daß zur Zeit des Exils „das Land seine Ruhezeiten ersetzt bekommen wird die ganze Zeit hindurch, in der es wüste liegt, während ihr im Lande eurer Feinde seid.... Die ganze Zeit hindurch, in der es wüste liegt, wird es Ruhe haben — die Ruhe, die es nicht gehabt hat zu den Ruhezeiten, die euch geboten waren, als ihr [noch] darin wohntet." So konnte nur ein Prophet des Exils sprechen, und dieser war, wie wir aus der Chronik wissen, kein anderer als Jeremia.[1]

Das Gesetz des Jubeljahrs, das die Freilassung der Sklaven und die Ruhe des Landes auf jedes 50. Jahr beschränkt, stellte eine bedeutende Erleichterung der Lasten dar. Es ist darum nicht wahrscheinlich, daß es in der Glut der Ideen und dem Eifer erdacht wurde, welche dem Exil angemessen waren — einer Zeit der Hoffnung und der Erwartung, in der niemand davor zurückschreckte, die Erfüllung auch der schwersten Pflichten in dem wiedererstandenen Jerusalem auf sich zu nehmen. Ein so praktisches Gesetz, das so gut den engen Verhältnissen angepaßt war, in denen die israelitische Gemeinde lange Zeit nach Serubabel lebte, wurde sicher erst nach der Rückkehr aus dem Exil vorgeschlagen.

Weder das eine noch das andere Gesetz waren, scheint es, in dem Kodex Esras enthalten. In dem Schwur, den das Volk bei der feierlichen Versammlung ablegen mußte[2], wird allein der 7 jährige Erlaß der Schulden erwähnt. Deshalb ziehen wir hieraus den Schluß, daß beide Gesetze, die vorher nicht beobachtet und nur in älteren Büchern erwähnt wurden, in der Zeit nach Esra in den Priesterkodex vom letzten Redaktor desselben

---

[1]) 2. Chron. 36, 21. S. oben § 102 Anm.
[2]) Neh. 10, 32.

9. Kapitel. Bildung von Perioden durch die Siebenzahl.

eingeführt worden sind. Dieser scheint den Plan gehabt zu haben, in dem Kodex wie in einem *Corpus iuris* viele Gesetze — alte und junge —, die zu seiner Kenntnis kamen, zu vereinigen; jene Gesetze wenigstens, welche nicht zu offenkundig mit den Grundsätzen des Mosaismus in Widerspruch standen, auch wenn sie unter sich nicht ganz übereinstimmten.[1]

115. Anläßlich des Jubeljahrs will ich noch als Merkwürdigkeit anführen, daß, wenn die Juden es zu 49 Jahren bestimmt hätten, es nicht nur möglich gewesen wäre, in dieser Periode die Sabbatjahre passend anzuordnen, sondern sie hätten auch noch den Vorteil erhalten, sie zur Regelung der Schaltmonate und zur Bestimmung des Jahresanfangs gebrauchen zu können. Die Periode von 49 Jahren bildet in der Tat einen lunisolaren astronomischen Cyklus, der zwar an Genauigkeit hinter dem berühmten Metonischen Cyklus von 19 Jahren etwas zurücksteht, aber doch noch zum gleichen Zwecke tauglich ist. Die Rechnung ergibt, daß 606 Mondumläufe fast gleich 49 Sonnenjahren sind; jene sind nur 32 Stunden kürzer.[2] Das will heißen,

---

[1]) Die zehn Kapitel 17—26 des Leviticus (und mit ihnen also auch die Gesetze über das Sabbat- und Jubeljahr) bilden ein Ganzes, das sich durch charakteristische Merkmale vom Rest des Priesterkodex unterscheidet; darum möchten verschiedene Kritiker (Graf, Hupfeld, Reuß, Wellhausen) in ihnen gleichsam einen besonderen Kodex erkennen, der älter als der Priesterkodex war und später mit den andern Bestandteilen desselben vermischt wurde. Will man zugeben, daß diese Sammlung ursprünglich schon die beiden Gesetze vom Sabbat- und vom Jubeljahr enthielt, so würde die eklektische Kombination dieser widersprechenden Bestandteile ihrem Urheber, und nicht dem letzten Redaktor des Priesterkodex, zuzuschreiben sein. Doch die Untersuchung des 25. Kapitels, die Wellhausen (*Composition des Hexateuchs*, 3. Aufl. 164—167) angestellt hat, scheint nicht zu abschließenden Ergebnissen geführt zu haben. Jedoch neigt es sich zu der Annahme, daß die Sammlung Levit. 17—26 ursprünglich allein das Gesetz vom Sabbatjahr enthielt, und daß das vom Jubeljahr später in sie eingeschoben wurde. Die Endergebnisse wären nicht wesentlich verschieden von denjenigen, welche oben dargelegt sind. Alles das sodann, was über das Gesetz vom Jubeljahr in Levit. 27 gesagt ist, und der Hinweis auf dasselbe in Num. 36, 4 scheinen Zusätze, die der Redaktor des Priesterkodex gemacht hat.

[2]) Nehmen wir an, daß das Sonnenjahr gleich 365,2422 Tagen, und daß der Mondumlauf gleich 29,5306 Tagen sei, so haben wir:

$$49 \text{ Jahre} = \text{Tage } 17896,86$$
$$606 \text{ Monde} = \text{Tage } 17895,54$$
$$\text{Unterschied} = \text{Tage} \quad 1,32.$$

Man beachte, daß der Fehler des Julianischen Kalenders sich in 49 Jahren auf 0,40 Tage beläuft.

wenn man, wie die Hebräer es machten, den Kalender ausschließlich nach Beobachtungen des Mondes regelt, so erzeugt die Annahme, daß nach 606 Monden genau 49 Jahre verflossen sind, einen Fehler von nur 32 Stunden bezüglich der Stellung der Sonne und des Verlaufes der Jahreszeiten; dieser Fehler kann erst nach Ablauf von acht oder zehn Perioden in der landwirtschaftlichen Praxis bemerkbar werden. So hätten sich ganz von selbst die Grundlagen zu einem einfachen und praktischen Kalender geboten; ohne den Nutzen zu rechnen, welchen man von einem so langen Cyklus wie diesem 49 jährigen für die Zeitrechnung und für die Bestimmung der Daten der Ereignisse ziehen konnte. Doch man kann als sicher annehmen, daß die Israeliten nie irgend welche Kenntnis von dieser Art, ihr Passah zu regeln, hatten. Was die Chronologie betrifft, so steht fest, daß der Brauch, die Zeiten nach Jahrwochen[1] oder nach Wochen von Jahrwochen[2] zu rechnen, seine Wurzel nicht in den astronomischen Erscheinungen, sondern einfach in der abergläubischen Verehrung gehabt hat, mit welcher die Hebräer (und nicht sie allein) immer die Zahl Sieben angesehen haben. Aus Verehrung der Zahl 7 und ihres Quadrates 49 setzten noch im 13. Jahrhundert die jüdischen Verfasser der Alfonsinischen Tafeln die Revolutionsperiode der Äquinoktialpunkte gleich 49000 Jahren, während Hipparch und Ptolemäus sie schon besser auf 36000 Jahre abgeschätzt hatten, und wir jetzt wissen, daß sie in Wirklichkeit etwas weniger als 26000 ist.

---

[1]) Dan. 9, 24—27.
[2]) So im Buche der Jubiläen, wo die ganze Chronologie des Pentateuchs nach Perioden von 49 Jahren angeordnet ist.

www.ingramcontent.com/pod-product-compliance
Lightning Source LLC
Chambersburg PA
CBHW020936230426
43666CB00008B/1695